台湾雑貨を追いかけて

～お土産屋さんにはない〝台湾のモノ〟を求めて東奔西走～

松田義人【編著】

はじめに

台湾の雑貨を総評すると「デザインより実用性を優先したモノ」になると思います。

台湾人は堅実で一つのモノを大切に使い続ける人が多く、新しいモノをそう簡単に買わないように僕の目には映ります。だからこそ台湾の日常に、古くからのシンプルな実用美に溢れるモノがあり続けているのだろうと思います。

また、台湾人は「一つのモノで、複数の機能を持つモノを好む」傾向にあり、たとえば「炊く・蒸す・煮る・温める」が一台でできる大同《ダートン》電鍋《デングオ》が「台湾の代表家電」になっている理由も、そんな合理性による支持からくるもののようにも思います。

これら台湾の実用性・実用美に溢れる雑貨は、日本のグッドデザイン賞的なプロダクト、欧米のデザイン的評価のあるモノばかりを追いかけてきた日本人にとって目新しく映り、「気取りがなくてシンプルでかわいい」と、女性ファッション誌などが火付け役となって近年大人気となりました。

本書は台湾に通うたびに雑貨、オモチャ、はたまた食堂テーブルや台湾の学生服、学生運動服、学生カバン、電工看板などを買い漁ってきた僕が、僭越《せんえつ》ですが「これぞザ・台湾的」な雑貨ばかりをセレクトしまとめました。

また、日本では情報を得にくい台湾の古雑貨や業務用品を買えるスポットを紹介する他、近年若い世代で静かに盛り上がっている日台双方のクリエイターによる「台湾をモチーフにしたグッズ・作品」も収録しました。

本書を手にとってくださった方にとって、これらの中に「欲しい！」というモノ、そして次の台湾旅で買いたくなる雑貨があれば本当に嬉しいです。

そして、その台湾の雑貨を買い、使うことによって日々台湾を思い浮かべ、台湾に親しみ、台湾にもう一歩歩み寄っていただけることがあれば、それはまさしく僕の願いです。「台湾沼」の入り口は、台湾の雑貨の中にあるのかもしれません。

２０２５年2月　松田義人

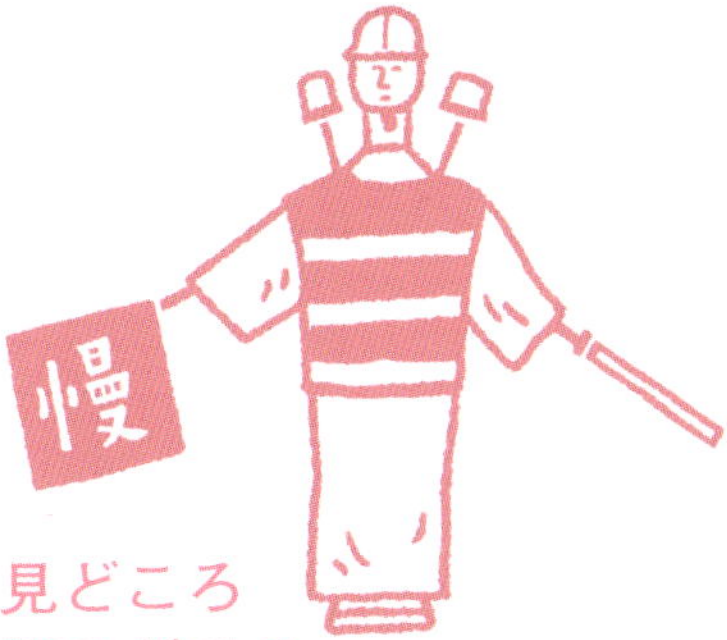

見どころ
読みどころ

家庭用品・日用雑貨など、日本でまだ知られていないアイテムも含めてズラリ紹介します。また、台湾家電の代表選手・大同電鍋の知られざるストーリーも紹介します。

シンプルで丈夫で何よりかわいい！ 台湾の色んなバッグを追いかけました。

台湾の新進気鋭デザイナーの作品も多数収録。洗練されたデザインに要注目。

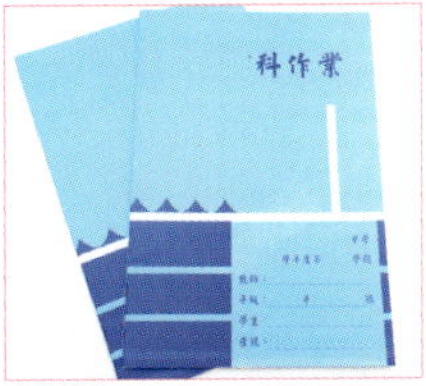

文具・紙モノ・玩具などのレアアイテムもガンガン紹介します。

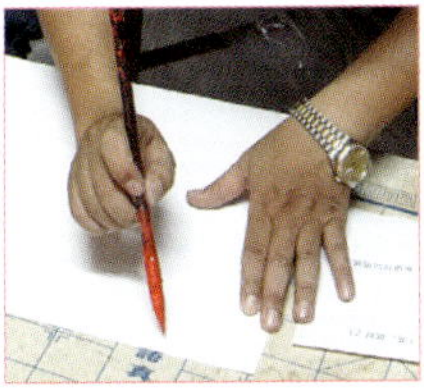

台湾国内で神格化されるほどの神業を持つ作家さん、職人さんも取材。

他のガイドブックにないエリアも含め雑貨やモノ充実の市場＆蚤の市を案内。

一般には買いにくい台湾の業務用品、非売品などの偏愛アイテムもズラリ収録。

日台友好クリエイターによる日本で買えるアイテムも多数収録。

台湾での買い物の値切り方や、買い物を続けて大量になってしまった人向けの「台湾から日本への郵送術」も紹介。

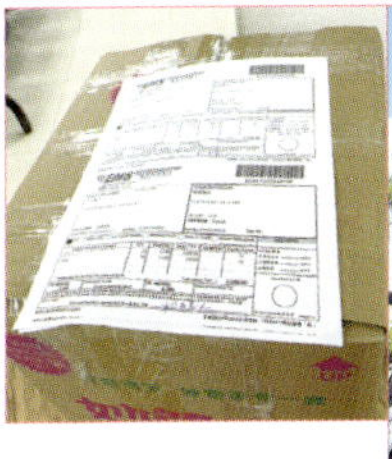

もくじ

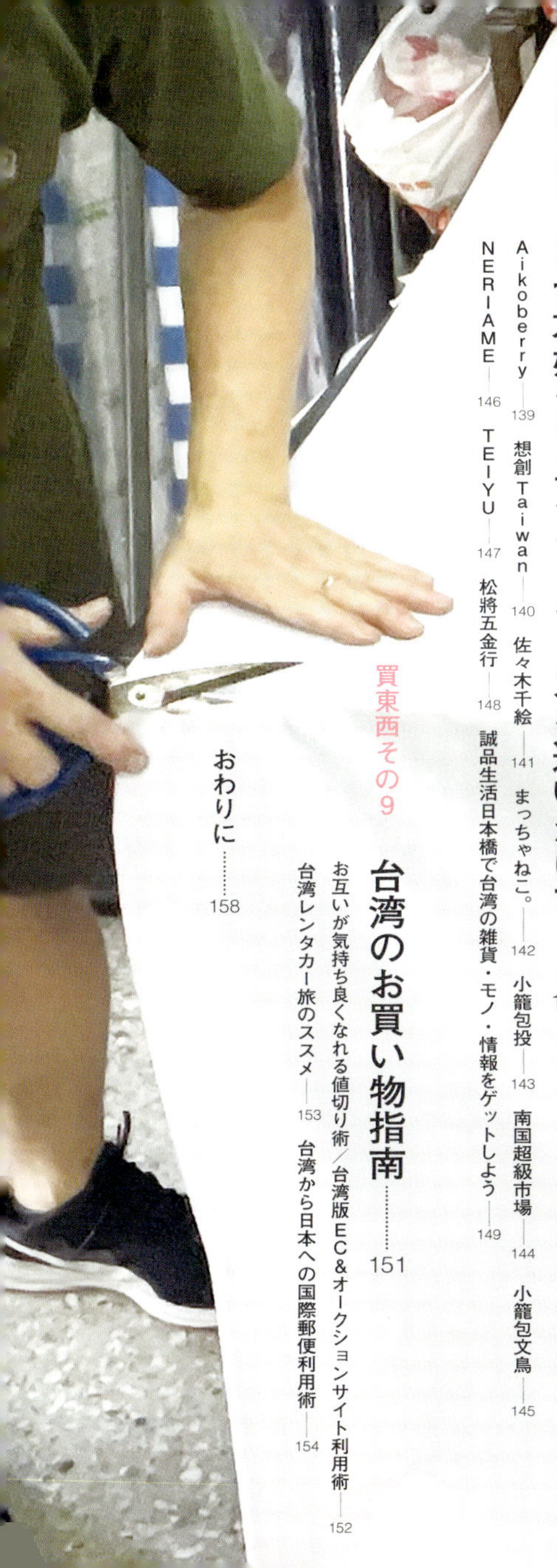

※本書に記載している情報は2025年2月時点のものです。店舗の営業時間、商品の価格などは最新情報をご確認ください。
※地域名はわかりやすく日本語で表記するため旧字体（繁体字）ではなく新字体で表記しています。
※ただし、住所などの表記は台湾現地で混乱せぬよう、台湾で使われている旧字体（繁体字）を中心に表記しています。
※台湾現地の呼称にならい、台湾先住民を〝台湾原住民〟または〝原住民〟と表記しています。
※本書に記載している通貨単位は台湾元です。執筆時の通貨レートは「1台湾元＝約4・56円」です。

買東西その1

家庭用品&日用雑貨を追いかけて

あらゆるカテゴリーの台湾雑貨・モノのうち、多くの人がまず気になるのが、家庭用品や日用雑貨ではないでしょうか。台湾の食堂で使われている素朴でかわいい食器、定番の派手派手ポリ袋、街角で見かけた実用美溢れるシンプルな道具たち、耐久性や使い勝手はさておき、とにかくキッチュでかわいいチープ雑貨など。

いずれも台湾の日常を静かに彩るアイテムばかりですが、仮にプロユースのモノであっても意外と入手しやすいのが台湾です。また、その価格も、特別な付加価値やデザイン費がほとんど乗っかっていない分、とにかく安価。今は円安なので、日本人にとっては以前ほどのお得感はなくなってしまったものの、日本で同等のアイテムを購入するよりははるかに安いモノが多いです。

そして、台湾の家庭用品や日用

雑貨を日本に持ち帰り、日常的に使い触れることで台湾をより一歩身近に感じ、台湾旅の思い出が蘇るところがとにかく良い！と、台湾偏愛人の僕は思っています。

　というわけでここでは、特に台湾の代表的な家庭用品や日用雑貨を一挙ご紹介。各アイテムの台湾での使われ方や成り立ち、そして購入できるスポットにもできる限り触れます。

　もし、これらのアイテムを「次の台湾旅で買おう」と思われる方がいて、そして言葉が不慣れな場合は、本書片手に台湾の日用品店を巡り目当てのアイテムのページを指差しすれば、在庫があればすぐに店員さんが出してくれると思いますよ。

　台湾雑貨を追いかける旅、まずは親しみやすく買いやすい、これら家庭用品や日用雑貨から始めてみましょう。

メラミン食器

台湾屈指の陶器ブランド・大同磁器《ダートンツーチー》（P028）の花柄を模したと思われるメラミン食器。ゴージャスな絵柄にしてメラミンというアンバランスさがたまらなくかわいいです。

台湾の日用雑貨などで見る発色激しい系カラーは、メラミン食器にも採用されています。真っ黄色やオレンジ色のメラミン食器でいただく魯《ルー》肉飯《ロウファン》や貢丸湯《ゴンワンタン》は、美味しさが数倍アップすると思うのは僕だけでしょうか。

安くて、軽くて、丈夫という多くの台湾人が求めるニーズを全て満たしたアイテム・メラミン食器。夜市、食堂などで多く使われており、その図柄やカタチは様々です。

僕が特に好きなのは紺色系の素朴な絵柄のもの、なんとなくベルサイユ宮殿を連想させる花柄のモノ、そして台湾に多い発色激しい系カラー1色のタイプです。

しかし、これらのタイプは日用品のスーパーチェーン、夜市の途中にある日用品店には何故《なぜ》か陳列されていることが少ない、というのが僕の肌感覚です。入手したい場合は、小さな街の古そうな日用品店に行ってみると良いでしょう。

ちなみに価格は小さなお碗で20元～と格安です。

アルミ&ステンレス&鉄の什器

台湾では意匠度低めのアルミ、ステンレス、鉄のアイテムも多く見かけます。この無骨さがカッコ良く、そしてかわいくも映ります。

しかし、これらを観察すると地味に溝が加えられていたり、子ども用の鉄製レンゲは柄の部分にユルくてかわいい絵があしらわれていたりして、小さな配慮と良心を感じられます。

これらのアイテムもまた使えば使うほどに親しみが湧いてくる台湾的な不思議な魅力が詰まっているように思います。

台湾の地方部の古い日用品店で購入したアルミのヤワヤワなヤカン。何気に取っ手が２本あったりして、これもまた台湾らしい静かな親切心を感じる一品です。

台湾の食の場面ではレンゲが必須。うちの子どもに買った子ども用のレンゲにはこんなユルかわな柄が（写真上）。また、日本のモノよりはるかに大きいレンゲも種類がいっぱい（写真下）。しばらく使わないと錆びる難点はありますが、いずれも安価で 25 元ほど～。ぜひゲットしてください。

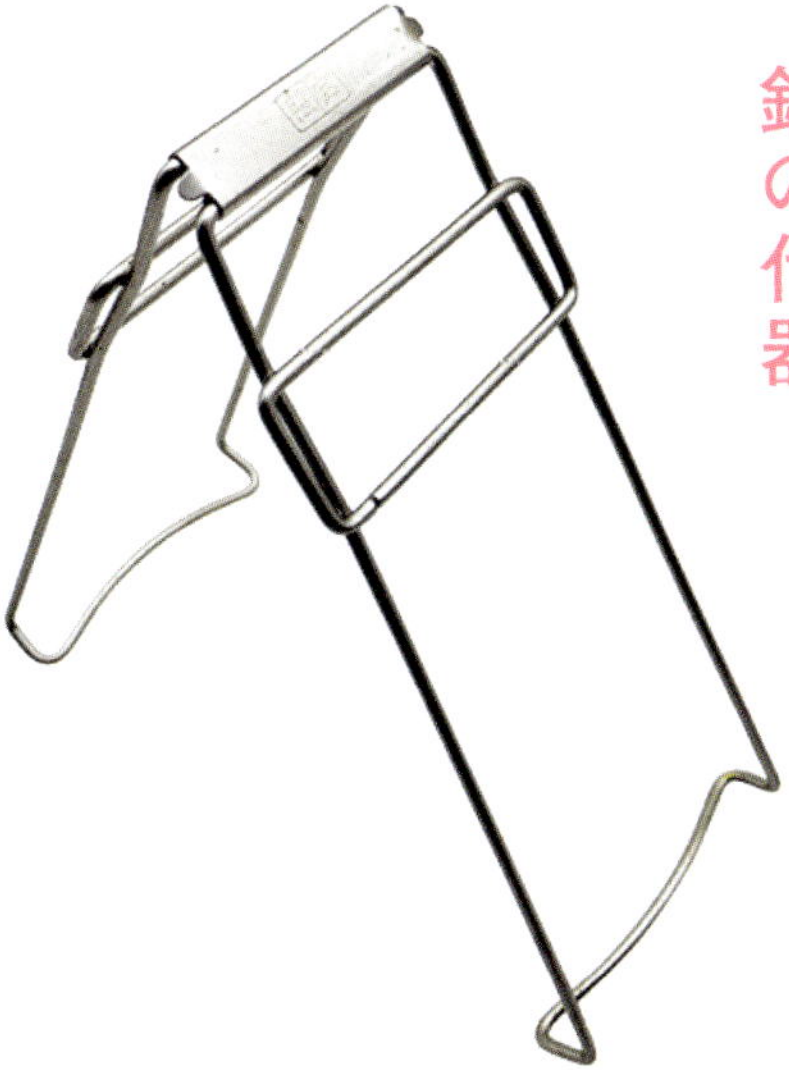

ファッション誌で紹介されてから大ブレイクしたアルミ質感剥き出しの茶缶（写真左）。そして、代表的な台湾雑貨の一つ、鍋つかみ（写真下）。

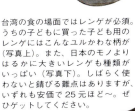

竹製のカゴ類

台湾には約80種もの竹があり、その植生面積は約15万ヘクタールほどと言われています。東京ドーム3万2千個ほどにあたる数値なので、めちゃくちゃ豊富に竹が生えているというわけです。

　こういった事情から竹を使ったアイテムが多くあるのも台湾雑貨の特徴。いずれも手作業で編まれているため、価格はそう安いわけでは ありませんが、ちょっとした小物などであれば数十元ほどから購入できます。

　台北・迪化街《ディーホワジエ》（P098）に高建桶店《ガオジエントンディエン》、大華源豊行《ダーホワユエンフォンハン》という竹製品専門店がある他、竹のメッカ・南投県の竹山《ジューシャン》（P091）では地場ならではの竹製品に出会えます。

粗めに編まれた竹製品は比較的安価に購入可能。「福」がついた蓋《ふた》付きカゴは高雄・美濃のモノ。半月型のモノは南投・竹山のモノ。いずれも100元ほど。

「かわいい」としか言いようのない素朴な風合いの竹製の台湾式バスケット。取っ手の両側が開く仕組みで、使いやすいのも魅力です。我が家ではペットフード入れとして活躍し続けています。

スタッキングできる粗めに編まれたカゴセット。台北・迪化街の専門店には様々なタイプのカゴがあり、全部欲しくなるほどです。

派手派手プラスチック製品

台湾の工業製品などに多いヌボーッとした曲線を描いた、発色激しい系カラーのプラスチック製おろし金（写真左）。おろし金の部分はかなり薄めのアルミですが、意外と壊れず重宝します。また、まな板を小さくしたようなこれまたチープなおろし金も（写真左下）。

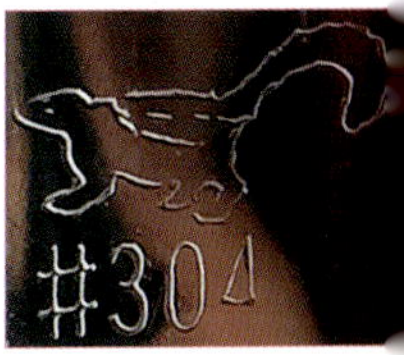

柄の部分に謎のリスらしき動物が彫られていました。このチープな意匠もまた台湾的でたまりません。

台湾の日用品店で100%の確率で売っている発色激しい系カラーのコンテナ。

安くて、軽くて、丈夫と言えばプラスチック製品も欠かせません。台湾の日用雑貨には多くのプラスチック製品がありますが、特にかわいいのが派手派手調理器具。チープな質感でヤワそうに見えつつも、結構耐久性があったりして毎度の料理の時間が楽しくなります。

また、日用品店で必ずと言っていいほど見かけるのがプラスチック製コンテナ。様々な大きさ・カタチのモノがありますが、その色はやはり発色激しい系カラー。多少目がチカチカするものの、台湾らしいキッチュな実用アイテムです。

派手派手ポリ袋

台湾雑貨の名脇役として旅行者に大人気の台湾の派手派手ポリ袋。

定番のポリ袋はピンク×白のシマシマですが、ストライプのピッチなどはメーカーごとにマチマチです。印刷ズレなのか意図的にズラしているのか素材とインクのズレが、キッチュでかわいいです。また、シマシマのポリ袋はピンク×白以外にも様々な配色があり、このカラーバリエーションもまた台湾ファンの心をくすぐるところ。僕は見慣れない配色のポリ袋を見つけたら全部買うようにしています。

さらに、台湾のポリ袋は発色激しい系カラー1色のモノ、ユルい絵あしらい系といったタイプもあり、これらもまた世界中どこを見渡しても台湾にしかないモノだと思います。

ちなみに台北・松山《ソンシャン》駅近くの服飾問屋街・五分埔《ウーフェンプー》では、さらに見慣れないかわいいリボンの絵があしらわれたモノ、ルイ・ヴィトンのモノグラムを模したポリ袋をよく目にしますが、これはおおむね韓国製です。韓国製の洋服の輸入と合わせて、ポリ袋も仕入れているのだと思わ

安価で楽しげな台湾雑貨の名脇役・派手派手ポリ袋の数々。ユルかわイラスト系のモノはさらに多く存在します。

れます。
肝心の台湾製ポリ袋は日用品店で購入可能で、だいたい「斤《ジン》」「両《リャン》」といった重さで販売されています。たまに「シマシマ柄のポリ袋をどこで買ったらいいかわからない」「見つけられない」といった声を聞きますが、確実に欲しい場合は、台北の濱江市場（P101参照）がオススメです。この市場の中にある包材屋さんに様々なカラーバリエーション、カタチのモノが売られており、おおむね25元〜。ぜひゲットしてください。

ユルかわ絵×繁体字…台湾の袋の定番様式

台湾のポリ袋や紙袋にはレトロでかわいいユルいイラストが添えられていることが多いですが、そのかわいい絵の脇に、急におじいさんっぽい太い楷書の繁体字が添えられていたり、袋自体の重さがプリントされていたりするモノが多くあります。

でも、この感じこそが僕が好きなザ・台湾。「メッセージや実用表示が、デザイン以上のインパクトを与える」といった台湾特有のバランス感覚がまた面白いところ。

金門の包丁

金門に打ち込まれた砲弾を鉄鋼原料にし包丁製造に再利用。後に金門の名産になりました。

金門の包丁はいわゆる中華包丁を中心に様々なタイプがあります。台北でも専門店で購入可能です。

中国大陸までわずか数キロという至近距離に位置する中華民国（台湾）統治の金門《キンメン》。この至近距離の影響で、1958年の金門砲戦（八二三砲戦《バーアーサンパオチャン》）の際には、中国人民解放軍から無数の砲弾を受けました。砲戦は約20年にもおよび、今なお万一の台湾有事に備えて海岸沿いには防衛柵が張り巡らされています。

この金門砲戦で受けた無数の砲弾は、後に包丁製造に再利用。砲弾特有の密度が高い鋼は包丁の素晴らしい切れ味に繋《つな》がり後に名産となりました。

金門の包丁は有名ブランド・金合利鋼刀の他、島内には大小複数の業者が存在します。いずれも日本製包丁よりも安価で、特に安いモノで数百元から。

僕も1本持っていますが、確かに重くて硬くてなんでもバンバン切れます。料理好きな人なら必ず満足できることと思います。

ヘアキャップのようにお皿の料理を覆う保鮮袋。3色のフチもまたなんだかかわいく映ります。

保鮮袋

台湾の日用品には鋭利な包丁もある一方、ヘアキャップの構造にも似た保鮮袋《バオシェンタイ》というかわいいアイテムもあります。

お皿などに盛られた作り置き・食べかけなどの料理に被せるカバーです。台湾にももちろんラップはありますが、より気軽に料理をカバーできるとあって一定数の支持があります。価格は50元ほど。半透明の保鮮袋の奥に見える料理はかえって食欲を刺激するかも？

赤と生成りのコンビがかわいい素朴なチェック柄のスリッパは100元～。

台湾式スリッパ

台湾ファンなら地味に嬉しい地図マーク入り。この台湾式スリッパを履いて日々台湾を思い浮かべましょう。

台湾の室内事情は少々曖昧で、靴のまま過ごしている家庭もあれば、日本式に靴を脱いで過ごす家庭も。また、その中間的に入室時にスリッパに履き替える家庭も多くあり、そんなニーズに応えているのが台湾式スリッパです。

　クロックス風のモノもありますが、ド定番は上のレトロなタイプ。よく見るとデザインが微妙に異なり、緑色の台湾式スリッパの中には、台湾の地図があしらわれているモノもあります。台湾ファンなら、やはりこの地図入りをゲットすべきでしょう。

竹笠

日差しが強い台湾での野外作業のド定番・竹笠。日用品店で多く販売されていますが、これも実はバリエーションが様々。ツバの面に細い糸が張り巡らされているタイプ、ベトナム風のてっぺんが尖《とが》ったタイプなど。

　かなり嵩張《かさば》るアイテムですが、お土産として持ち帰る場合は、うまく梱包して潰《つぶ》さないように。

竹笠の内側もまた様々です。上のベトナム風の竹笠には中華女優（?）のレトロなプリントが。こんな謎の配慮もまた楽しいものです。

テーブルクロス

P117で紹介する食堂テーブル用に切り出してもらったテーブルクロス。柄やクロスの厚さにもよりますが、1メートル単位で70元～。中華風柄や版ズレがあるレトロな柄は、シノワズリともまた違うレトロ台湾といった感じでかわいく映ります。

あらかじめ切り出されたテーブルクロス（写真下）。20元～と安価ですが、大半は使い捨てタイプです。

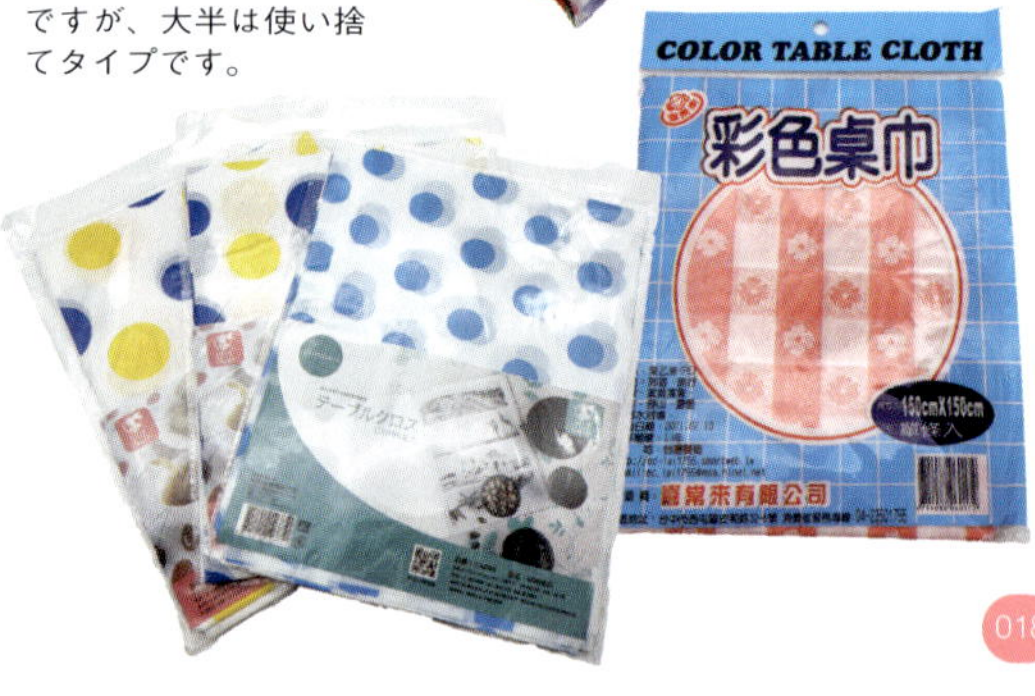

台湾の食卓ではテーブルクロスが必須です。大きく2種類があり、1つはビニール製で料理が飛び散ったりして汚れたクロスを拭き取りながら使い続けるタイプ。もう1つが1回の食事ごとの使い捨てで、汚れたクロスをそのまま残飯と一緒に丸めて捨てるタイプ。このタイプは新聞紙で代用することもあり、新聞紙の上でいただく食事もまた庶民的でのどかです。

また、テーブルクロスは切り売りと、あらかじめ切り出されたパッケージの2パターンがあります。

使い捨て食器

夜市などの野外食文化がある台湾は、使い捨ての紙皿、プラ皿、使い捨て箸なども多く販売されており、日本よりもはるかに安価です。ちなみに右の写真のピンク色の使い捨てのお碗は１００個パックで50元ほど。

　また、食堂のテイクアウト用の紙製の簡易弁当箱、タピオカミルクティー用の太いストローなども日用品店で多く販売されており、これらもまた台湾ならではのアイテムばかりです。安くて使えるのでスーツケースに余白があればぜひ買って持ち帰りましょう。

台湾の地方部では結婚式の宴席も野外で行われることが珍しくなく、双喜《シュアンシー》（ダブルハピネス）の紙コップもあります（写真左）。また、テイクアウト用のド定番、紙製の簡易弁当箱も日用品店の多くで売られています。

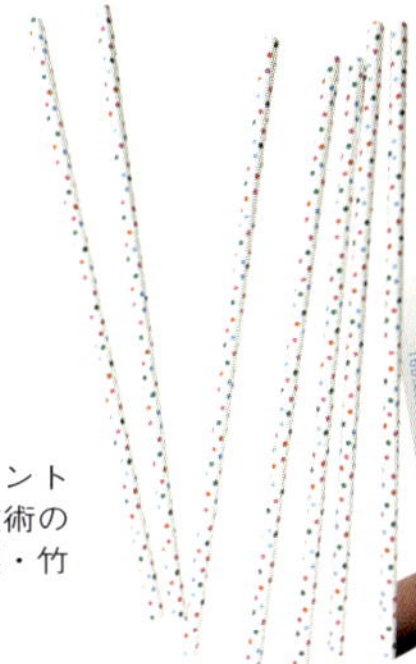

使い捨てストロー（写真上）。太さ、プリントも様々でかわいいモノばかり。近年では技術の進歩もあり従来のプラ製だけでなく、紙製・竹製のストローも多く目にします。

台湾でよく見る使い捨て箸に書かれた「めいしょう」の謎が解けた！

　台湾では街角の看板、商品などで台湾式に変換された「変わった日本語」をよく見かけます。日本語としては壊れているものの、「何を訴えたいかはわかる」モノが大半です。

　そんな台湾で見る「変わった日本語」のうち、僕がずっと謎だったのが、使い捨て箸に書かれた「めいしょう」というワード。「め」は活字「いしょう」は手書き、さらに下部にはなんとも台湾的なストライプがプリントされているモノです（写真左）。「めいしょう」というワードが指すものがナンなのかがわからず、この謎に迫る日本人ブロガーの記事なども見たこともあります。

　メーカーを調べ本書で調査すべきと思い「めいしょう」箸を購入。そして、問い合わせるために会社名を見たのですが……ここでビンゴ！　メーカー名が日本語読みで「めいしょう」。単に社名を日本語読みにした、という理由だったのでした。

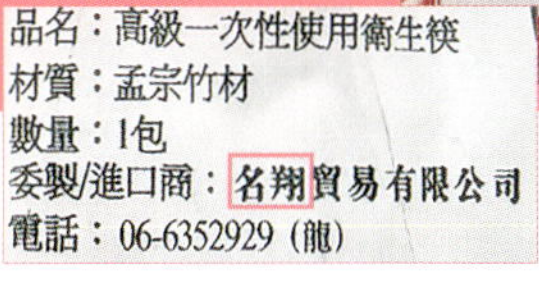

タオル類

あらゆるモノを吊るす台湾人のニーズに呼応した発色激しい系カラーのストライプ×ユルかわ絵の吊るし式タオル（写真右）。下手ウマな招き猫のイラストが妙にかわいいガーゼタオル（写真上）。そして、中華民国軍指定の緑色のタオル（写真下）。

暑くて汗をかきがちなことに加え、野外食をする機会も多い台湾では、タオル類を欠かすことができません。僕個人的にタオル類に関して、日本の品質を超えるモノを台湾で見たことがないですが、それはそれ。台湾らしさ、面白さ、かわいさを優先して考えると興味深いアイテムも結構あります。

シマシマ大好きの台湾人らしいストライプ仕様のモノ、かわいい絵柄がプリントされたガーゼタオル、はたまた中華民国軍の緑色のタオルなど。タオル類もまた、日用品店を巡るとそそられるモノに出会えるはずです。

台湾形雑貨

台湾人は郷土愛に溢れる人が多いです。それを反映してか、「さつまいも形」の台湾の地図を模した雑貨や食べ物が数多くあります。

カタチ的に実用度はどうしても低くなりますが、台湾偏愛人にとってはこれらもまた欲しくなるモノたちです。使い勝手より台湾愛最優先でアレコレ集めてみるのも楽しいのではないでしょうか。

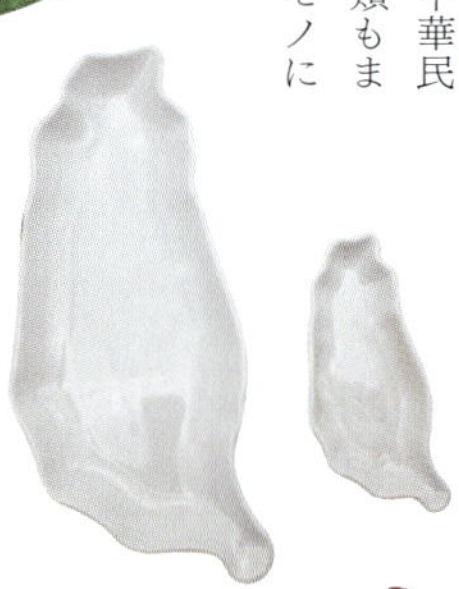

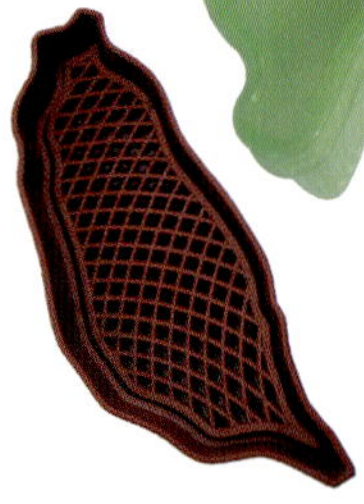

お皿、入れ物、はたまた石鹸までと実に様々な台湾形雑貨。使い勝手よりも台湾愛最優先で入手しましょう。

300元ほどの蛇腹式のステンレス製洗濯ハンガー。洗濯バサミが35個付いており、複雑な衣類、巨大な洗濯モノにも対応できる優れモノです。

洗濯ハンガー&洗濯バサミ

「暑くて汗をかく」「日差しが強くてすぐ乾く」などの事情から、洗濯する頻度が日本よりも多めのように感じる台湾。こういった背景からか、洗濯にかかわるアイテムも日本より種類が豊富で、しかも実用美に溢れるカッコ良いモノが多いように思います。

使わないときはサッと折りたためる蛇腹式のステンレス製洗濯ハンガーはとにかく便利で合理的。

シンプルなタオル&Tシャツ用ハンガーもいっさいの無駄のないシンプル・イズ・ベストな一品。

さらに実用的な日用品が日本よりはるかに安いのも台湾の特徴で、洗濯アイテムもまた追いかけるべき台湾雑貨のカテゴリーだと思います。

調べてみれば、日本でも同様の構造を持つ洗濯アイテムを買えなくはないようですが、台湾ファンならやはり「臺灣《たいわん》製造」で揃《そろ》えたいところ。日用品店などで見つけたら製造国のチェックをし、普段の洗濯に役立ちそうなモノをゲットしてみてください。

様々な形の台湾の洗濯バサミに共通するのはとにかくハサミが強力なこと。「強い風が吹いても洗濯モノを守るぞ」という意思を感じます。

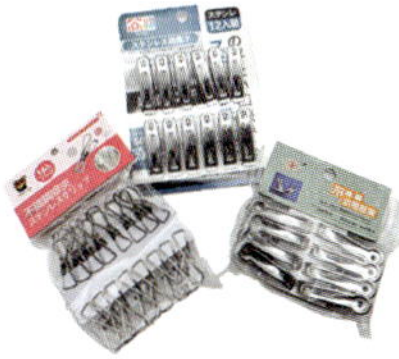

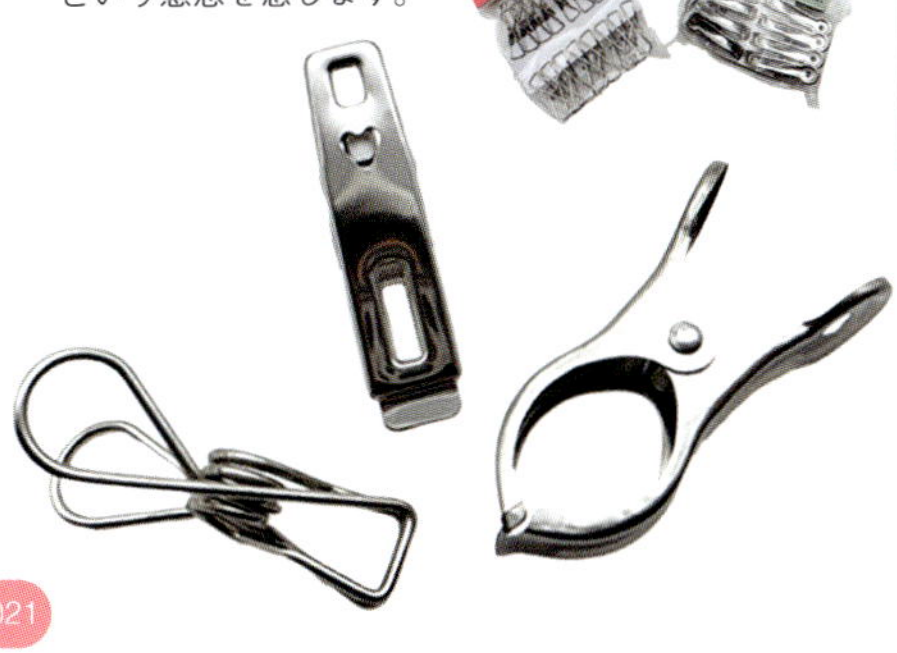

90元で買えるごくシンプルな構造のタオル&Tシャツ専用ハンガー。そのパッケージにはユルかわな絵が添えられていました（写真左）。

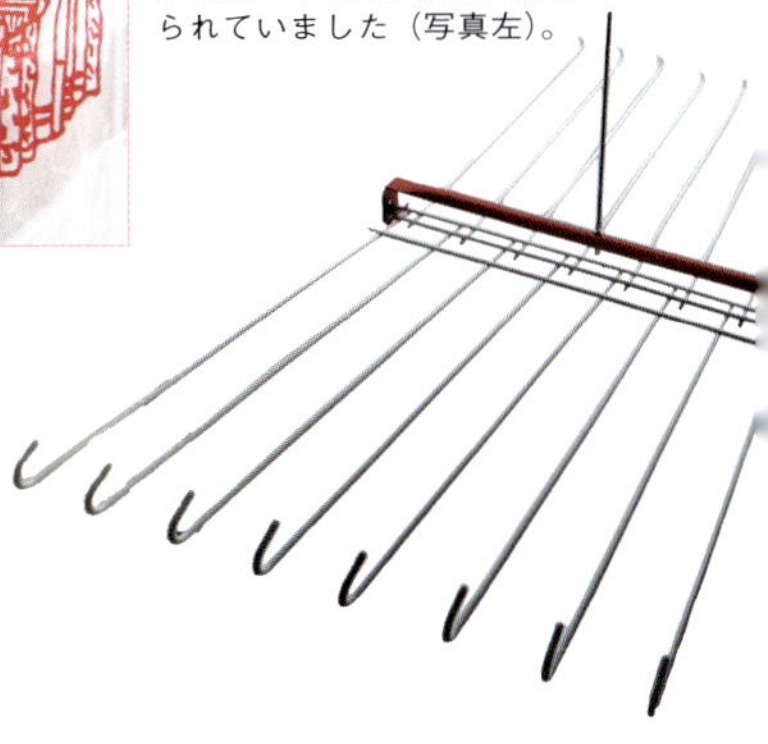

掃除用品アレコレ

台湾人は頻繁に洗濯をしますが、掃除も同様のように思います。

日本と事情が異なるのは、まず気候的に暑いこと。また日本人以上に健康意識が高く食事を欠かさない人が多く、油断するとすぐに周囲が汚れて不衛生になるからなのか、日本以上に掃除熱心な人が多いように僕の目には映ります。

実際、連日連夜人で賑《にぎ》わう大きな夜市には毎日巨大な洗剤を撒《ま》く衛生車が来ますし、ゴミも日本のように一定時間外に出しっぱなしは不衛生ということで、ゴミ収集車が来たところでその都度、市民

僕が初めて台湾に行った33年前、すでに存在していた赤×緑のド定番の長いホウキ。その価格、わずか50元ほど。どうしてこの色なんだと素直に思いますが、台湾の一風景として多くの人たちに親しまれています。

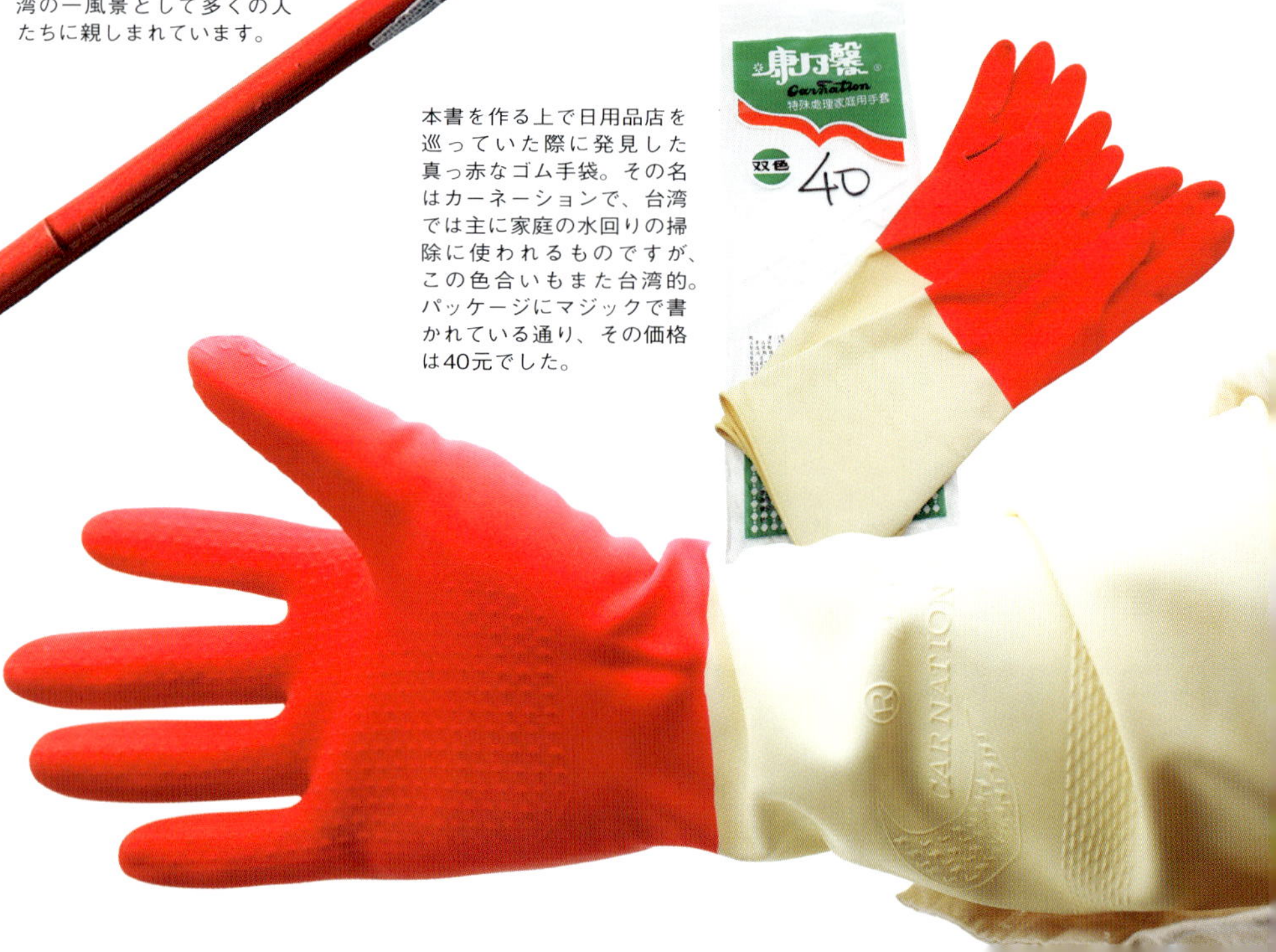

本書を作る上で日用品店を巡っていた際に発見した真っ赤なゴム手袋。その名はカーネーションで、台湾では主に家庭の水回りの掃除に使われるものですが、この色合いもまた台湾的。パッケージにマジックで書かれている通り、その価格は40元でした。

が室内からゴミ袋を持ち出し、収集車に直接投げ入れるというシステムです。余談ですが、収集車が来た合図は「エリーゼのために」か「乙女の祈り」の電子音。僕はこの曲を聴くと台湾にいるみたいで和むので、iPhoneの着信音をこのゴミ収集車の曲にしています。

　さておき、そんな台湾の掃除事情を反映してか、日用品店には必ず掃除グッズが陳列されています。

　竹の持ち手を真っ赤に塗り、赤と緑を基調にした派手派手ホウキを筆頭に、そのラインナップは実に様々。これら掃除グッズもまた、日本とは生活習慣が異なる台湾ならではの興味深いアイテムばかりです。

草を加工した昔ながらのホウキももちろんあります。でも、よく見ると、連ねている紐の色が、やはり赤×緑。台湾の掃除シーンにおいて、この配色に特別な意味が隠されているのかもしれません。

衛生的！台湾の掃除事情

　本文でも触れた通り、人が集まる場所のあちこちに「掃除のプロ」がいるのも台湾らしい風景。トイレ掃除は「小小地滑（床が滑るので気をつけてね）」（写真左上）のプレートを掲げて頻繁に行われています。

　また、街中でも、掃除専門のカート（写真右上）を引きながら歩く「掃除のプロ」を結構な頻度で見かけます。さらに「俺には掃除カートなんて要らねぇぜ」とばかりに自転車で各所を掃除して巡る「孤高の掃除のプロ」もいます。このように衛生さを常に保とうと努める台湾なので、我々日本人旅行者も、できるだけ街を汚さないように努めたいものです。

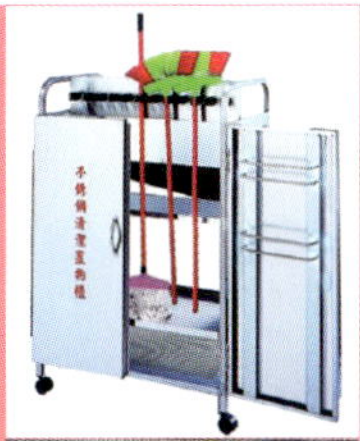

台湾ならではの掃除アイテムが汚物取りバサミ。台湾のトイレは用を足した後、紙を便器に流すのではなく汚物入れに入れるタイプが基本です。そういった汚物を掴み出すためのモノで、先端は刃ではなく溝が付いています。このアイテム、日本ではそう出番がないようにも思いますが、心に傷を負い噛み付くようになった犬に餌を与える際、ドライブスルーでお金を渡す際、長年一緒にいることで関係が冷え切ったパートナーに久々に遠くからツンツンする際などに重宝するかもしれません。

巨大な綿棒

台湾の日用品店で結構な頻度で見かける巨大な綿棒。

日本でも医療用などで同様のモノが販売されていますが、台湾の日常でどう使われているのかが謎でした。しかし、ある店を訪れた際、その謎が解けました。虫刺されスプレーをせず短パンで店内を見ていたのですが、そこにいた無数の蚊に足中を刺されました。刺された箇所が多く足を掻《か》きながら過ごしていたところ、店員さんがこの巨大な綿棒にかゆみ止めをつけて僕に渡してくれました。

　こんな風に他人に塗り薬を間接的につける際に渡したり、手が入りにくい場所の掃除にこの巨大な綿棒を使ったりと、台湾では日本以上に日常で使われているようです。

巨大な綿棒のパッケージ（写真上）。パッケージ右上には台湾の地図がプリントされており、台湾製であることを示しています。また、巨大な綿棒の種類も複数あり、薬品などをしみ込ませて使う場合は、先端の綿が厚く盛られたタイプが良いでしょう（写真下）。

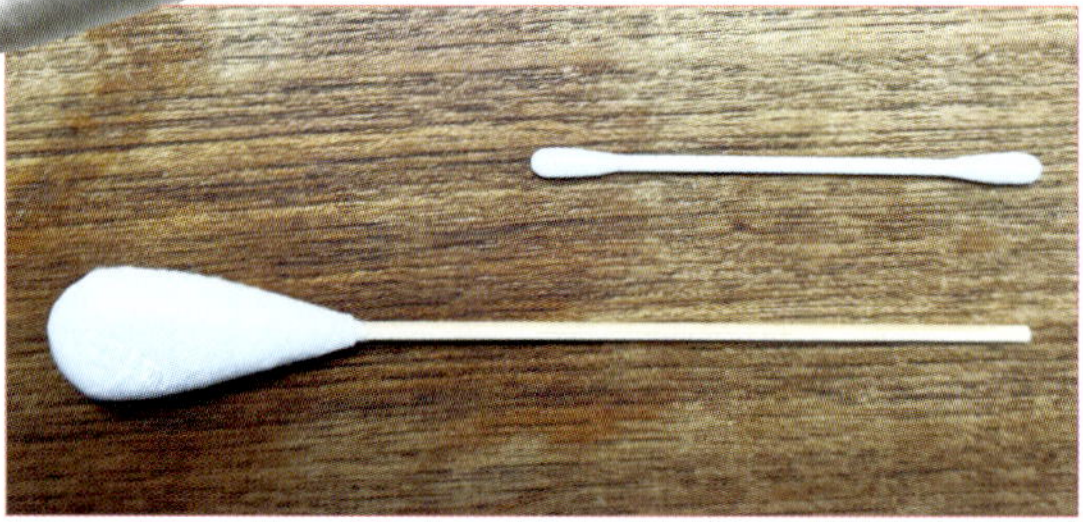

一般的な綿棒と、巨大な綿棒の比較写真。巨大な綿棒を数秒凝視していると、何故か笑いがこみあげてくるのは僕だけでしょうか。

台湾の花布を使ったアイテム（写真上）は台北・迪化街の永楽市場《ヨンラースーチャン》（P098）で多く取り扱いあり。また、お家の中でお家形に彩るユルかわなコンセントランプ（写真右）は日用百貨店で購入可能。

ホームデコレーション

台湾にももちろん室内をデコレーションするためのアイテムがいくつもあります。中でもやっぱり欲しいのは台湾らしいモノ、キッチュなモノ。

台湾の花布を使った丸ちょうちんは、モノの少ないシンプルな部屋に1つだけブラ下げれば途端に差し色になるでしょうし、オモチャのようなコンセントランプもまた部屋をユルく和ませてくれることでしょう。

ユルすぎるパンダのハエ叩き（写真左）と、わざわざ竹を模したプラ製の孫の手（写真右）。

うちわ&ハエ叩き&孫の手

日本の昭和のお菓子のパッケージの雰囲気にも通ずるレトロでユルかわなイラストが描かれたうちわ（写真上）。

うちわ、孫の手、ハエ叩《たた》きといったいわゆる「手で使うアイテム」もよく見てみると、いかにも台湾的な意匠や発想が込められているものです。

日本の昭和のお菓子などのパッケージにも通ずるユルくてかわいい絵が描かれたうちわは、一目見たら買わないで去ることができないほど。また、近年あちこちの日用品店で見かけるようになった竹を模したプラスチック製孫の手の謎のこだわりも心を鷲掴みにされるし、これまたユルいパンダが描かれたフニャフニャのハエ叩きも、実用性はさておきやはり買わざるを得ない一品。

こんな名もなきアイテムたちの発見もまた、台湾雑貨を追いかける喜びを強く感じさせてくれます。

ノベルティグラス＆湯呑み＆マグ

本書で紹介した複数の台湾雑貨、台湾のモノのうち、特に僕がこだわって買い集めているのが、台湾の企業や団体によるノベルティグラス、ノベルティ湯呑《の》み、ノベルティマグなどです。

古いタイプのモノはシンプルなベースグラスに、台湾らしいユルくてかわいい絵、そしてレトロなタイポグラフィが、滲んだり版ズレしながらプリントされており、このレトロ感がとにかくかわいく映ります。

また、近代のノベルティでも下のカルピスのように日本の商品の台湾版のモノも

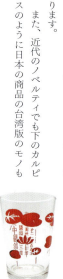

また特別な趣があり、これもまた台湾ファンにとってはたまりません。
いずれもノベルティなので、旅行者が正規で新品を購入することはできませんが、各地の蚤の市を掘れば、かなり安価に購入することができますよ。

溝溝グラスと溝溝湯呑みの違いとは？

台湾のノベルティグラス類を追いかけていくと、必ず当たるのが溝溝グラス、溝溝湯呑み。双方とも天地の短いタイプで、持ち手のあたりにザックリとした溝が入っていることから、僕はこう勝手に呼んでいます。

溝溝グラスは溝部分が絞られた作りでスタッキングできる仕組み。一方の溝溝湯呑みは寸胴《ずんどう》でスタッキングできません。こんな小さな違いがある溝溝ですが、どちらも台湾の日常を感じる独特の逸品です。

台湾人が描いた絵や意匠を眺めていると、そのおおらかでピュアな気質を感じます。そして、暑い台湾で喉を潤すための一杯を想像し、すぐにでもまた台湾に行きたい気持ちにもなります。

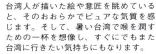

ノベルティ食器

僕の一番のお気に入りのノベルティ食器はガラス製のもの。この器で愛玉《アイユイ》とか仙草ゼリーをいただけば、台湾にいるかのような気分に。

台湾の企業や団体のノベルティ、記念アイテムとして多く存在する食器類。ノベルティグラス類と同様、ごくごくシンプルなベース食器に、レトロでかわいい絵柄がプリントされているお碗などが大半で、お皿などはそう多くないようにも

台湾の磁器と言えば やっぱり大同磁器

ここで紹介したノベルティ食器の半分以上が台湾の磁器メーカー・大同磁器によるものでした。「大同」と聞くと、台湾のアイコン的な存在でもある大同電鍋（P030 ～）をイメージしますが、大同磁器は全くの無関係。少々混乱しますが、「磁器のほうの大同」も台湾では絶大な支持を得ています。

鼎泰豐《ディンタイフォン》をはじめ台湾の多くの高級レストランに採用されてきたことも品質の良さを示しています。

台湾雑貨好きの日本人の中には、一定数のマニアもいて、言わば「台湾版ウェッジウッド」状態。大同磁器を追いかけて、古い日用品店や蚤の市を掘りまくる人もいます。

ノベルティ食器のド定番・お碗の数々。台湾人と一緒に食事をすると、取り皿がなくてもお碗一つで器用に複数の料理を食べる様子を目にします。やはり台湾人は複数のモノを使うことを好まず、食事の際も「お椀だけがあれば十分」ということで、ノベルティ食器にも多く採用されるのかなと思いました。

台湾・吉野家のノベルティ茶碗を発見

台湾にいち早くチェーン展開をした牛丼の吉野家。そんな台湾版・吉野家にもノベルティ茶碗があったことを知りました。蚤の市でたまたま見つけたものですが、いわゆる丼ではなく普通の茶碗サイズです。

たまたま僕が所有している日本の吉野家の丼（有田焼）と比べると台湾版・吉野家の茶碗の絵柄は、色数が少なく少々寂しげ。しかし、裏面の製造メーカーを確認するとやはり大同磁器によるものでした。

日本の一大飲食チェーンも認める台湾屈指の磁器ブランドが大同磁器なのだと改めて実感しました。

思います。

また、こういったノベルティ食器類は、たいてい絵柄の隙間に企業や団体名が繁体字でプリントされており、この漢字の羅列が「なんだかオシャレ」に見えてくるようになると、立派な台湾偏愛病。台湾偏愛病は不治の病と言われていますので、一生台湾に通い続けることになるでしょう。

これらノベルティ食器類も、一般旅行者が正規で買うことはできませんが、蚤の市などを探せば、かなり高い確率で出会うことができます。そして、その価格もまた、10元～とかなり格安。大半が使い古された中古品ですが、中にはケースごと手付かずのまま、デッドストックとして売り出されているモノもあります。中古の食器が苦手な方はこういったデッドストックを中心に探してみてください。

ただし、台湾でブランド力を持つ特定企業や特定商品のノベルティ食器、ノベルティグラスは当然高価になり、蚤の市などで目にする機会は稀《まれ》。こういった特定ノベルティ食器が欲しい場合は、P152で紹介する方法などで、台湾現地のネットオークションなどを検索し、購入すると良いでしょう。

1960年登場の大同電鍋の初代モデル。この一台が台湾の家庭における調理シーンを一変させました。

台湾のアイコン！

大同電鍋はいかにして台湾の家庭に広まったか

〝台湾のモノ〟と聞いて
誰もが思い浮かべるのが大同電鍋。
「炊く・蒸す・煮る・温める」ができる画期的家電で
今日では「台湾のアイコン」にもなりました。
日本でも2015年より公式販売されヒット。
その実力も多くの日本人に知らしめました。
ただし、その成り立ちや「いかにして台湾で絶大な支持に至ったのか」
などの理由を知らない日本人もいるかもしれません。
ここでは大同電鍋のストーリーについて、
大同日本の担当者・シェリーさんの話を挟みながら紹介します。

実は日本の東芝との意外な関係で開発された

大同電鍋が誕生したのは今から65年前の１９６０年のこと。大同は１９１８年に設立された台湾のメーカーで１９４９年には台湾家電ブランドとして初の扇風機を開発しヒットに至りました。

他方、日本の家電メーカーの東芝が１９５５年に開発した「ER-4」という自動式電気釜が日本で絶大なヒット。東芝と技術提携をしていた大同が技術継承を受けながら、言わば「ER-4の台湾版」とも言ってよい大同電鍋の開発に至りました。

「大同電鍋が台湾で最初に発売された１９６０年以前の台湾の家庭では料理に多くの時間とエネルギーを費やしていました。当時はガスコンロや炊飯器が普及していなかったため、加熱調理での温度管理が難しく、煮込み調理などに大変な苦労がありました。また、同時に複数の料理をする場合、当然複数の調理器具を使う必要もあり、家庭

東芝が開発した「ER-4」。東芝と技術提携をしていた大同にそのDNAが継承されました。

料理のハードルはかなり高い時代でした」（大同日本・シェリーさん）

台湾では電子レンジよりも大同電鍋の支持率高め！

当時の台湾における「家庭料理の難題」を解決すべく「炊く・蒸す・煮る・温める」の全てを１台で実現させた大同電鍋。１９６０年のリリース後、台湾での経済成長の追い風もあり、口コミなどによって台湾の家庭に広まっていきました。

　大同電鍋は電熱線で鍋を温める極めてシンプルな構造です。それでいて驚くほど耐久性に優れているのも特徴で、後には多くの台湾人の間で「嫁入り道具」に指定されるほどの信頼を得るようにもなりました。これまでの台湾での販売台数は累計１７００万台オーバーとも言われ、計算上では「台湾の家庭に１台以上がある」状態にも至りました。

　ところで、台湾の家庭での電子レンジの普及率は「日本の半分以下」とも言われていますが、その理由もまた大同電鍋の普及率にあるようです。

1918年設立の大同が初めて開発した扇風機。当時のモノは今も台湾の蚤の市などで売られているのをたまに見かけます。また、復刻版は大同の直売店はネットで購入できます。

例えば、おかずや弁当も大同電鍋をうまく使えば、十分温めることができます。こんな理由もあって、操作性が複雑な電子レンジよりも、シンプルで使いやすい大同電鍋のほうに、いまもって台湾では支持が厚いように映ります。

放ったらかし調理が台湾の家庭のニーズに合致

大同電鍋の使い方は超簡単で、操作は「炊飯」「保温」の２つだけ。タイマーや温度設定はないものの、水がなくなれば勝手にスイッチオフになり、料理が焦げ付くようなことはほとんどありません。

こういった「放ったらかしにしていても料理してくれる」ことが働き者が多い台湾人に好まれているようにも感じます。

「台湾は共働きの家庭が多いです。そのため合理的な家電が重視され『あらゆるモノ』に対して、多様性を求める傾向があるように思います。そういった点からもオールラウンドな調理器具として大同電鍋が支持を得たようにも

History of 大同電鍋

1960 年発売の初代モデルから基本仕様は今も変わらない大同電鍋。それでも各時代ごとにマイナーチェンジがなされたり、様々ラインナップが登場しました。その全モデルを見てみましょう！

1960

初代モデル

1980

操作パネルを変更し、保温スイッチのオン・オフを追加

1991

３人用の小型版をラインナップに追加

2004

操作パネルを変更しリニューアル

下手の横好きで料理が趣味の僕ももちろん大同電鍋ユーザーです。使っています。特に角煮は必ず大同電鍋で作ります。

思います」（大同日本・シェリーさん）

２０１５年より日本でも公式販売がスタートしました。待ち望んでいた日本の台湾ファンはもちろん、台湾を知らない層にも大同電鍋の支持が集まりました。大同電鍋のシンプル・イズ・ベストな機能性、レトロな印象のプロダクトデザインなどが、日本人の多くにかえって新しく映った結果のようにも思います。

「これからも大同電鍋を使い、多くの日本の友人たちに伝統的・古典的な調理スタイルを体験し続けてほしいと思っています。また日本の台湾ファンの方には、『台湾の味』を再現するための必需品として、やはり大同電鍋を使っていただけると嬉しいですね」（大同日本・シェリーさん）

節目を迎えた大同電鍋のさらなる未来とは？

２０２５年で誕生から65年、日本での公式販売から10年という節目を迎えた大同電鍋。担当者によれば以降は台湾・日本だけでなく、さらに世界中の多くの人々に親しまれることを目指し

2008

新色を追加

2009

新感覚のステンレス製モデルを追加

2010

操作パネルを変更したモデルをラインナップ

2011

ハローキティモデル、誕生50周年モデルを追加

2012

キキララモデル、ハローキティモデル第２弾を追加

2013

Ai 搭載モデル、3人用小型モデル、花柄モデルを追加

2014

人気イラストレーター・Cherng（マレーバク）の限定モデルを追加

たいとも。これはぜひとも実現してほしいと思いました。

「大同電鍋は台湾の家庭に欠かせない製品です。今後も生産し続けることはもちろんですが、さらなる未来には日本だけでなくさらなるアジア諸国の市場にも進出し、大同電鍋の利点を次世代に伝えていきたいと思っています。時代ごとのニーズに呼応しながらも、これまでに培ってきた大同電鍋の合理性や特長の基本は変えず、以降も多くの食卓を豊かにしていきたいと思っています」（大同日本・シェリーさん）

また、今後は日本市場に向けてアクセサリーグッズなどの展開もさらに注力したいと言い、アクセサリーとセットにしたモデルなどのリリースも計画中とのこと。

ここまでの紹介の通り、大同電鍋はその機能性・合理性から台湾の家庭で欠かすことができないプロダクトとなり、結果的に「台湾のアイコン」になったというわけです。台湾偏愛人の僕としては、さらなる未来に台湾人のライフスタイルやアイデンティティとセットで、世界中で親しまれるようになると良いなと思いました。

日本モデルの最新版はなんとオールステンレス！

本書制作中、大同電鍋の日本モデルの新作リリースのニュースが飛び込んできました。元々は台湾で人気だったプレミアムモデルがベースで、これを日本仕様に最適化したもの。ケースが完全なるステンレス仕様にリニューアルされ、操作パネルも一新。これまでの大同電鍋のかわいいイメージから、一歩大人な家電に進化した印象です。詳しくは公式サイトをチェックしてみてください。

大同日本
https://store.tatung.co.jp/

2018　2017　2016　2015

2018：大同100周年記念モデル、ワンピースモデル、ドラえもんモデル、コカ・コーラモデルを追加

2017：ハローキティモデル第4弾、金馬奨モデルを追加

2016：ぐでたまモデル、惑星型モデルを追加

2015：ハローキティモデル第3弾を追加

腹が減ってはお買い物はできぬ日記

台北→新北→台中編

【2024年6月某日・台北】

僕は日本のグルメメディアなどでも取材・執筆をしているのですが、台湾でのグルメはいつも二の次、三の次。台湾はグルメ以上に行きたい場所、体験したいスポット、そして「買いたいモノ」「買いたい雑貨」の散策を最優先にしているからです。

ただし「晩酌にピッタリの店」「オールドスタイルの台湾的な店」は大好きで、台湾人の友人が食事に誘ってくれた際は「酒が飲めて、大衆的で、一見の旅行者が入りにくい店に連れて行ってほしい」とリクエストします。

そんなワガママにいつも応じてくれるのが台北の友達・ジュンユーくん。厳密にはお互い言葉が通じないのですが、いつも彼の大人な対応で気持ち良いコミュニケーションが取れています。

ジュンユーくんは過去いくつかの「台北の面白い店」に連れて行ってくれました。華西街《ホワシージエ》の知られざる名店、知る人ぞ知る海鮮など。

2024年6月に本書収録用の雑貨を買いまくるために台北にいた際は「今回は逆に意外な店を」と、六張犁《リョウチャンリー》駅近くの御炒牛《ユーチャオニュウ》 A Class Beef という店に連れて行ってくれました。牛肉料理をメインにしたオシャレな店で、一品料理をおつまみにフランスパンと一緒にいただくという台湾では珍しいスタイル。これが何故だかビールとよく合います。1皿160元～。台湾料理を食べ尽くした人にオススメです。

【2024年6月某日・台北】

僕は台湾滞在中の全てをレンタカーで巡ります。クルマがあればガンガン買い物でき、そして行きたい場所にも自分のペースで自由に巡ることができるからです。

一方避けられないデメリットもあり、特に台北滞在中は「道が複雑で交通量も多くて運転が難しい」ことと「駐車場が高い」こと。人口密度ギューギューの台北では「駐車場付きホテル」は総じて高額です。

そんな中で僕が最近よく利用しているのが、松山空港の西側に隣接する雅荘旅館《ヤージュアンリュイグァン》（Attic Hotel）というモーテル。駐車場付きにして2000元を切る宿泊費がまず嬉しく、最寄駅まで1キロほどあることで、結果的に「昔の台北」を感じる店が付近に多いという面白さもあります。

特に近くの龍江路356巷という通りにはごくごくシンプルな台湾料理の食堂に並び、羊肉専門店がいくつかあります。前述の雅荘旅館でシコタマ部屋飲みした後、フラフラと散策し、今回は岡山正《ガァンシャンジェン》味羊肉《ウェイヤンロウ》で羊肉炒飯を食べました。

オーダー時、店員さんが「辛くするか」と聞くので「そうして」と頼んだら、これがもう泣きそうになるほど辛い。だんだんスプーンを上げるスピードが鈍くなり店員さんに「ごめんなさい。食べられないので持ち帰りたい」と泣きを入れると、この店では結構“あるある”の様子で「やっぱりね」と笑い包んでくれました。今度訪れるときは、辛くないやつをオーダーしようと思いました。

【2024年6月某日・台北】

台北各所の夜市のうち、特にグルメが充実している寧《ニン》夏夜市《シャーイェースー》。僕も大好きで友達から「どこの夜市が良いか」と尋ねられれば、必ず寧夏夜市をオススメします。

酒飲みの僕は寧夏夜市の散策前にまず、寧夏路の南側の終点（南京西路に当たる交差点）に行きます。この交差点脇に白いベンチがあるのですが、このベンチを僕は心の中で「我的長椅《ウォーダチャンイー》（私のベンチ）」と呼んでおり、ここでまず一人で酒盛り。目の前にセブン - イレブンがあるので、酒を飲み干してもすぐに追加で調達できます。

この白いベンチの一人酒でいい気分になった後、いよ

いよ散策へ。創作系屋台の中には意外な新グルメもあり、見て回るだけでもワクワクして楽しいです。

そんな中で僕が決まってシメに食べるのが夜市沿いの店舗型の真っ黄色の看板の店・蚵仔煎大王《オアチェンダーワン》。寧夏夜市の古くからの名物「蚵仔煎（牡蠣オムレツ）」を出す店で、実は仔煎だけでなく蚵仔炒飯（牡蠣炒飯）、蝦仁《シャーレン》炒飯（海老炒飯）も絶品です。

少なくとも25年以上働いていることを確認している「メガネをかけ、腕にサポーターを巻いた達人」が店頭で焼いているときがベスト。僕は達人が焼いているのを見計らって入店するようにしています。

今回もお馴染みの蚵仔炒飯でシメ。達人の腕前に全くブレなく台北の一日を大満足でシメられました。

【2024年10月某日・新北】

台北を囲むように位置するドーナツ型の新北エリア。新北には２つの大きな蚤の市があります。台北の南側隣接の永和エリアにある福和橋跳蚤《フーフージャオティアオザオ》市場、そして台北の西側隣接の三重エリアにある重新橋観光市集《チョンシンジャオグァンゴンスージー》です。

このうち重新橋には蚤の市に隣接して食堂エリアもあり、ここでの名物が大骨湯《ダーグータン》（豚肉スペアリブを使ったスープ）。複数の店で出されています。

重新橋は月曜以外の午前中のみ。昼過ぎから続々店終いとなりますが、出店数が最も多いのはやはり土日です。それを目当てに訪れる客も多く、土日の食堂エリアは大混雑。そして、その６割以上の客が皆言葉少なめに「大骨湯」を手でムシャムシャ食べています。僕は当初、この名物を知らなかったのですが、たまたまテーブルで一緒になった夫婦に「みんなが食べているそれはナンですか？」と尋ねて教えてもらいました。以来、「重新橋」に買い物に来た際は迷わず僕もムシャムシャ。手がベトベトになりますが、「重新橋」には衛生的なトイレがあり、すぐに手洗いできるので没問題《メイウェンティー》です。

【2024年10月某日・台中】

近年、台湾南部の高雄を抜き「台湾第二の都市」となった台中。それでも古き良き風景が各所に残り、「台湾の雑貨」の買い物も楽しいエリアです。

数年前に知り合った台中の陳さんは、複数の事業を手掛けるスーパー仕事人。それでいて「弱きに優しい」昔ながらの台湾人気質の方で、僕が台中を訪れた際は毎度とんでもなく手厚いお世話をしてくれます。いつも恐縮するばかりですが、2024年10月に台中に訪れた際、「オススメの庶民的な酒場があったら連れて行ってほしい」とお願いすると、陳さんはバッチリ良い店に案内してくれました。

その名は台北海鮮《ハイシェン》。タコのマークがかわいい熱炒《ルーチャオ》（居酒屋）的な店で、陳さんセレクトの海鮮料理の数々をおつまみに酒をガンガン飲みました。

また、陳さんは以前「台中人のソウルフード」として大智路「蕭《シャオ》」爌肉飯《クァンローファン》という店の弁当をご馳走してくれたこともありました。

「爌肉」とは台湾式角煮のことですが、これがもう絶品。地元ではかなり人気店の様子で、僕の台湾偏愛ぶりを前に、陳さんが「地元の人しか知らない名店」として紹介してくれました。営業日が限られているようですが、良いタイミングで台中を訪れた際には、必ず寄ろうと思いました。

買東西その2

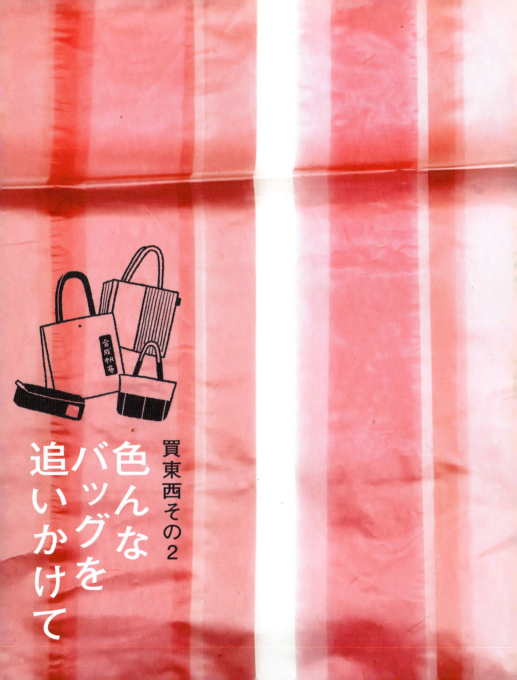

色んなバッグを追いかけて

台湾雑貨・台湾のモノの買い物のうち、男女年齢問わず人気なのが「台湾のカバン」です。

　台湾のアイコン的な存在で、安価で気軽に購入できる定番の漁師バッグに始まり、日用品チェーンや地方部でもよく見かけるビニール編みのバッグなど。さらに人気の花布を使ったカバン類に至ってはプロアマ問わず多くの台湾人が作り販売することから、その種類は無限です。

　また、主に台南、台東、はたまた台中で人気の帆布バッグはとにかく丈夫な帆布生地をカバンに使用したモノ。素材の素朴なかわいさ、頑丈さ、そして台湾らしいシンプルな意匠で、これもまた旅行者の多くが「欲しい！」と思うことでしょう。

　これまで僕は、繰り返しの台湾旅で、各地を訪れた際に無数のカバン類を購入してきました。少な

くとも２００以上は台湾のカバンを所有しており、特にお気に入りのモノは今でも毎日愛用し続けています。

他方、これは台湾製に限らないことですが、カバン類は「実際に使ってみないと、本当に自分のライフスタイルに合っているかどうか」が判断しにくいことあります。台湾各地で見つけたカバン類を前に高揚して買ったはいいけれど、それほど使わないまま眠らせるだけ……そんな失敗も僕には多くありました。

そんな経験も含めて、ここでは各ジャンルの台湾のカバン類の特徴や購入ポイントなどを紹介します。自分用、お土産用として台湾のカバンを購入する前に、本章を参考にしていただき、あなたのライフスタイルやセンスにピッタリの台湾のカバンを見つけてくださいね。

派手派手ビニールバッグ

日本の道の駅では、地元の人による手作り雑貨が販売されていることが多いですが、台湾も同様。各地の道の駅的な店では、一点モノの派手派手ビニールバッグがよく販売されています。150元ほどから1000元前後まで価格の幅が広いですが、吟味してピッタリのモノを購入しましょう。

台湾は竹編み製品が多く、そして各原住民族の間で伝統的に継承され続ける織物技術があります。こういった技術を転じてか台湾各所でビニール素材を使った手編みのバッグがよく販売されています。

ビニールの素材感と合わせて、その派手派手なカラーリングがキッチュでかわいいです。日用品店で多く流通するモノもあれば、地方の道の駅的な店でも地元の方が手編みしたとおぼしき一点モノも。見れば見るほど欲しくなりますが、嵩張るのでスーツケースの空き具合と相談しながらゲットしてみてくださいね。

ドリンク用バッグ

ある時期から台湾で大人気となったドリンクホルダー。この影響か数年前からドリンク用バッグも多く見かけるようになりました。漁師バッグ生地を使ったモノから、素朴な綿素材のモノまで様々です。

ドリンクホルダーは他の用途に転じられませんが、ドリンク用バッグならアイデア次第で本来の用途以外にも使えるかも。100元～と安価で買えるのでお土産にも良さそうです。

大人気のドリンクホルダー（写真右）と、ドリンク用バッグ（写真左・下）。この四角く細長いカタチ自体もまた、なんだかかわいらしく感じます。

花布バッグ

台湾のカバンのもう一つのド定番が花《ホワ》布《ブー》を使ったモノ。お土産屋さんなどでも多く販売されていますが、手作りでかわいい花布バッグを購入する場合は、台北・迪化街の永楽布業市場（P098）が一番のオススメ。カバンの表面に来る花柄をよく確認して選び抜きましょう。

花布は「客家《クージャー》由来のモノだ」と思っていましたが、実は客家に限らず、台湾に移り住んだ複数の漢民族が使っていたようです。これら花布を使ったカバンは迪化街の永楽布業市場内の各店で、1点モノの手作り品が安価で販売されています。

小北百貨オリジナル台湾式防災バッグ

天変地異が続く台湾では近年さらに防災意識が高まっています。そんな中、台湾雑貨の宝庫の日用品チェーン・小北百貨で、オリジナルの防災バッグを発見。299元という少々値が張るモノですが、家の中のどこにあってもすぐにわかる色合いがなんだかかわいく即買いしました。

なお、小北百貨では防災グッズも充実。防災バッグと併せてぜひチェックしてみてください。

茄芷袋を追いかけて

漁師バッグの故郷へ行ってみるの巻

台湾で最もよく知られたカバン・漁師バッグ（茄芷袋《カァチィダイ》）。発祥は台南・後壁《ホウビー》エリアで、今もこの地に複数の製造業者が存在します。言わば「漁師バッグの故郷」であるここ後壁へ、漁師バッグを追いかけに行きました。

漁師バッグのタグをよく見てみると、その多くに「台南市後壁區」の文字があります。

無数の漁師バッグの生地が積み上げられた裕発塑膠工廠の様子。完全プロユースの工場ですが、事前交渉・予約で小売にも親切に対応してくれます。

プロユースの工場で卸し値で売ってくれる漁師バッグ

台南・後壁エリアの入り口となる後壁駅。木造駅舎がかわいい駅ですが、ここからまず向かったのが裕発塑膠工廠《ユーファスージャオゴンチャン》という漁師バッグの製造工場。完全プロユースの工場ですが、工場の老板《ラオバン》（社長）はとても親切な方。事前にネットなどで来訪および購入の交渉をしておけば卸用の漁師バッグや、その生地も販売してくれ

裕発塑膠工廠には過去の巨大メーカーの受注品の見本がいくつも並んでいます。

ます。

工場内には無数の漁師バッグの生地が積み上がっており、ここで様々なカバンや雑貨に加工するのだそうです。裕発塑膠工廠へは台湾の大手企業からのオーダーも多く、過去の受注品も見本としてぶら下がっていました。ただし、これらはもちろん非売品。販売可能な漁師バッグの中から市場ではあまり見かけないモノをゲットすると良いでしょう。

台南・後壁エリアで一番人気の漁師バッグ専門店

また、裕発塑膠工廠から数百メートルの場所に、エリア屈指の人気を誇る茄芷工坊《カアチィゴンファン》という小さな漁師バッグ専門店もあります。

地元産の漁師バッグ生地と、花布を合わせた完全オリジナル商品などがズラリと並びますが、いずれも店内で作られた手作りの一点モノばかり。オリジナルのデザインと独特の風合いがかわいくて、全部欲しくなります。

店のスタッフも明るくとても親切。既存のカタチの生地違いなどの漁師バッグはオーダーもできます。もちろん一定期間は要するので、来訪に先駆けてネットなどを介して交渉しておくと良いでしょう。

のどかな漁師バッグの故郷は半日かけての来訪を

この他にも地元には複数の漁師バッグ専門業者、小売店などがあります。老街《ラオジエ》の散策も楽しいのどかな台南・後壁エリア。台南または嘉義《チアイー》に滞在する際には半日ほどかけて、漁師バッグを追いかけに訪れてみてはいかがでしょうか。

台南・後壁エリアでは最も有名な茄芷工坊。市場では見かけないかわいい漁師バッグがズラリ！花布と合わせたモノや進化系漁師バッグもありますよ（写真下）。

裕発塑膠工廠
台南市後壁區墨林里270號
茄芷工坊
台南市後壁區菁寮里73號

のどかな台南・後壁エリア。漁師バッグの買い物だけでなく、付近の散策も忘れずに！

台南＆台東の帆布バッグを追いかけて

古くから台湾で使われてきた帆布バッグ。
特に買いやすいのが台南と台東です。
台南は主にキャンバス素材の帆布バッグが多く、
台東はビニールひき加工素材の帆布バッグが多いです。
ここでは台南＆台東の帆布バッグの名店と商品の特徴を紹介します。

台南

永盛帆布行

【読み】ヨンチェンファンブーハン
【住所】台南市中西區中正路12號

持ち手のストライプが知的でかわいいトート

マチ薄めのシンプルなトートを中心に帆布バッグを展開する店。

ペンケースから大型書類が入るモノまで様々ですが、共通するのは持ち手やボディに入るストライプのテープ。知的な印象を与えます。緑×赤のテープが入ったモノはなんとなくグッチっぽく感じますが、僕にとってはグッチよりも特別な価値に思えるのがこの個性派トートたちです。

永盛帆布行のマチ薄めの帆布トートバッグ（写真上）。折り曲げたくないモノの収納に最適です。この他にもストライプのテープがワンポイントのバッグがズラリ（写真下）。

台南

清隆帆布行

【読み】チンロンファンブーハン
【住所】台南市中西區民權路一段144號

台南帆布バッグ店の中で最もシブくてアツい店

台南の帆布バッグ販売店の中でも最もシブく台湾偏愛人垂涎の店。

壁にぶら下がる企業や団体からの受注品（非売品）にまず目を奪われますが、オリジナルの帆布バッグも他店にはない独創的で頓知がきいたシビれるモノばかり。

通常は学生カバンなどの内側にあてられる生地をあえて表面にしたモノ、内側に藍白《ランバイ》帆布という台湾版ブルーシートを合わせたモノなど。「台湾好きの人だけがわかる」特別な帆布バッグがズラリと並ぶ名店です。

古き良き台湾の景色が浮かんでくる受注品。その脇で老板がカタカタと良い音をたてながらミシンを踏んでいます。

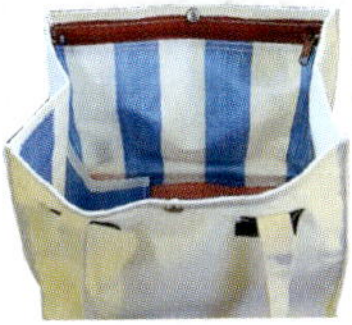

台南

廣富號帆布包

【読み】グァンフーハオファンブーハン
【住所】台南市中西區忠義路二段78號

帆布&エコ素材採用の布バッグブランド

台南の帆布バッグ店では歴史浅めではあるものの、他店にないブランディングで今では代表的な存在になった店。

帆布はもちろん、コーヒーの麻袋なども採用し、オシャレで繊細なバッグに仕上げています。

忠義路の本店は落ち着いたブティック的な雰囲気で、商品展開も豊富。必ず欲しいモノが見つかるはずですよ。

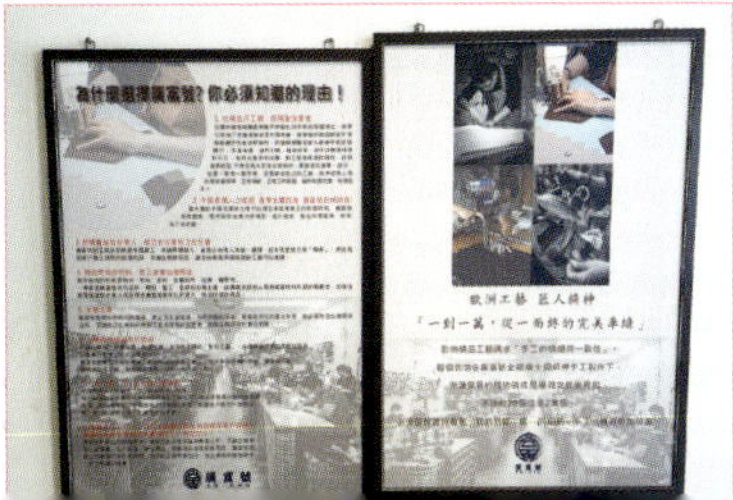

熟練の職人たちが手作りで仕上げるしっかりとした作りの帆布バッグ（写真左上）。綺麗な店内にはその技術力を示す表示もあります（写真左下）。

台南

合成帆布行

【読み】フーチェンファンブーハン
【住所】台南市中西區中山路45號

台南帆布と言えばここ！屈指の人気店

僕個人的に「台南に来て寄らないでどうする」と思う台南の帆布バッグの名店。実際、いつ訪れても多くの旅行者が来店しており、台南来訪記念にと帆布バッグを購入しています。

シンプルで丈夫でかわいいラインナップですが、近年は多くの色・カタチのモノが増え、さらに購入者を嬉しい悩みに導いているように感じます。

そんな風に迷う中、取材時にブルーの帆布バッグを買いました。地味に2ウェイ仕様というところがお気に入りです。

合成帆布行の店頭にはかわいい帆布バッグがズラリ。そしてスタッフのお姉さんが接客と制作を兼業しています（写真上）。取材時、僕が買ったブルーの帆布バッグ（写真下）。袋口についたボタンをかけ変えることで2ウェイで使えるバッグです。

アイテム数が増え、さらに洗練された帆布バッグが増えました。

台湾学生カバンの奥深き世界

台湾では今も多くの学校で採用されているキャンバス地のカバン。ボディと同等サイズの蓋を被せる仕組みのモノで、台湾の各観光地ではこれを模したパロディ小型ポシェットがお土産的に販売されていることもあります。

この台湾学生カバンもなかなか奥が深い世界。P119で詳しく紹介します。

台東

台東帆布行

【読み】タイトンファンブーハン
【住所】台東市正氣路202號

ビニールひき帆布を使ったオシャレバッグ

台東に2つある帆布バッグ店のうちの一つ。下の東昌帆布行よりも、アイデアが詰まったバッグが多く、商品点数も多いのが特徴です。その分、価格は高めですが、ここでしか買えない帆布バッグが多くあり、店内を眺めているだけでアッという間に時間が過ぎるので要注意です。

以前、僕はビニールひき帆布のリュックサック（写真左）を日本からオーダー。来訪時に引き取れるようお願いしたことがありました。そんなオーダーにも快く応じてくれる親切な店。遊び心溢れる帆布バッグに出会えるはずです。

大きめのバッグ（写真上）や個性的なバッグ（写真左＋左下）などが多く見ているだけで楽しい気持ちに。スタッフはとても親切でオーダーにも柔軟に対応してくれます。以前、リュックサックを作ってもらったこともありました（写真下）。

台東

東昌帆布行

【読み】トンチャンファンブーハン
【住所】台東市正氣路192號

シンプル＆頑丈なシマシマ帆布トート

上の台東帆布行から徒歩数秒にある店。ビニールひきの帆布バッグはいずれもシンプルなトートばかりを大・中・小とラインナップ。そして、デザイン性や遊び心のある台東帆布行よりも安価なのが特徴です。

僕がこの店の帆布バッグで愛用しているのは太いストライプのトートバッグ。汚れても拭き取れば綺麗になり、そして頑丈なところがお気に入りです。

店頭の様子。日本人的にはすぐ近くの台東帆布行で買ったモノをぶら下げて、この店に訪れることになんとなく気が引けますが、2店は親戚なので特に気にせず大丈夫です。

「台東のルイ・ヴィトン」と呼ばれる帆布バッグ群。いずれもシンプルなカタチで120元〜と安いです。

台湾でのデザイン・製造・生産を守る！

台中・大甲発。帆布バッグブランドに熱視線！

一帆布包

【読み】イーファンブーパオ
【住所】台中市大甲區育徳路41號

台中・大甲のバッグ製造業を復活させた2人の女性

台湾各地にある媽祖廟《マーズーミャオ》の中でも最も有名なのが台中・大甲《ダージャー》にある鎮瀾《ジェンラン》宮《ゴン》。廟の近隣にはかつてカバンの製造業者が多く存在し、特に1970年代は台湾国内向けのカバンのほとんどが大甲で作られていたと言われています。しかし、1980年代に入り衰退。産業は大手メーカーのものに代わっていきました。

それから数十年後、デザインを学んでいた2人の女性が地元の伝統的な産業の復活のため、またカバン製造業を営んでいた年老いた父親を助けるため、地元ブランドの再興に乗り出し、一帆布包を立ち上げました。

こだわりは「台湾でのデザイン・台湾での製造・台湾での生産」。そして地元で培われてきた技術を継承しながら、新しいデザイン、新しい技術を柔軟に取り入れ、かつてとはまた違う新しい価値を見出すべくスタートしました。

台南＆台東の帆布バッグと一帆布包との違い

多くの日本人が「台湾の帆布バッグ」と聞くと、台南あるいは台東のモノを想像することでしょう。これらの帆布バッグは素朴な意匠で親しみやすいモノばかりです。

一方の一帆布包のバッグはもう一

一帆布包の大甲本店の様子。実用性・デザイン性ともに優れた帆布バッグが複数陳列されています。また日本国内でもオンラインで購入が可能。ぜひチェックしてみてください。
https://www.ifft.com.tw/

僕が台湾旅で使っているショルダー型のミニボストン（写真左上・499元・バッジは個人品）。財布・スマートフォン・カメラ・ドリンク全てが収まるちょうど良さ。また、今回の取材時に購入した半円型の小型ショルダー（写真左下・880元）。飛行機の機内持ち込みにちょうど良さそうです。さらにかわいい桃の形をした薄手のエコバッグ（写真左・1850元）。バッグの中に忍ばせておきたい一品です。

つ二つ実用性とデザイン性を高めた印象。結果的に使う人の性別・使うシーンを限定しない、日常使いに最適なバッグを多く展開しています。実は僕も数年前に一帆布包を知って以来、大ファンになり愛用しています。

日本国内でもオンラインで購入できますが、できれば一帆布包の大甲本店を訪れ、地元に根付いた文化や空気を感じながら、自分だけのお気に入りのカバンを見つけてみてはいかがでしょうか。

ごくシンプルなミニボストン（385元）。使う人を限定しないデザインなのでお土産にも最適です！

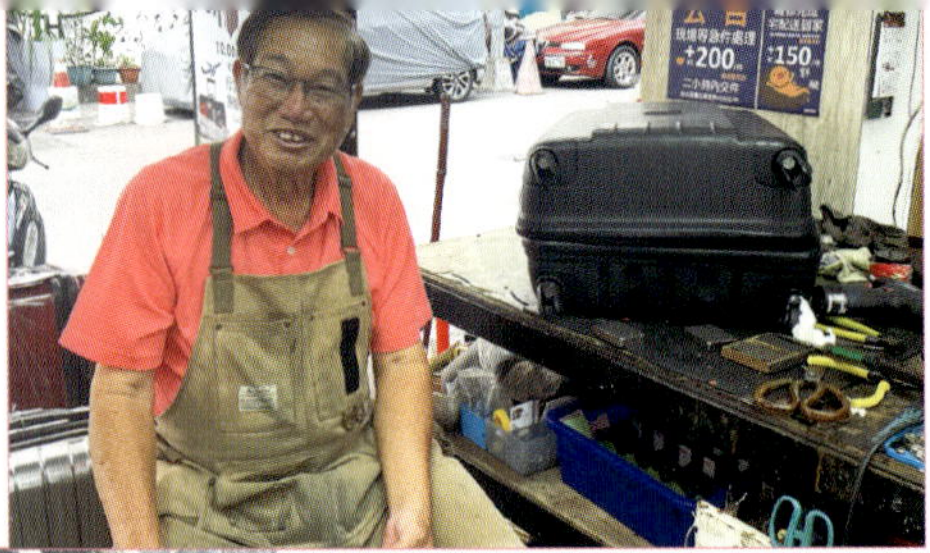

日に20個ものスーツケース修理！
カバン修理のゴッドハンド

高雄・萬箱之王
王土城さん

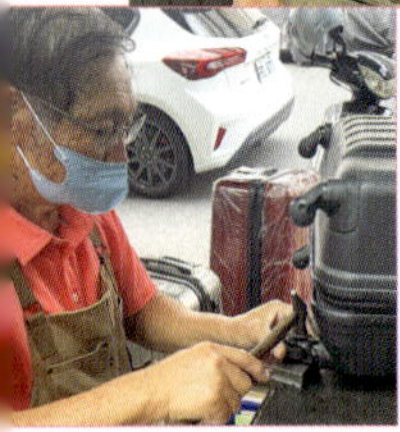

カバンの全てを知り尽くした熟練の技術に加え、その優しい人柄でも多くの顧客から信頼される萬箱之王・王土城さん。

台湾のあらゆる雑貨やモノに
込められた作り手の思いと技術。
しかし、修理する人も負けません。
「一日に20前後ものスーツケース修理依頼がくる」という
高雄のカバン専門店・萬箱之王《ワンシャンジーワン》の王土城《ワントゥチャン》さんを訪ねました。

高雄・南華商圏（P106）エリアにある萬箱之王。様々なカバン類が販売される専門店ですが、この店の老板で元カバン職人の王土城さんの修理技術がすごいと評判となり、特にスーツケースでは「1日に20前後の修理依頼が来る」ようになりました。また、中華航空やピーチなどのスタッフ指定のスーツケース修理業者にもなり、今ではカバン修理のゴッドハンドとして台湾中でよく知られるようになったそうです。

王さんは今から40年以上前の10代の頃に、地元・高雄のカバンメーカーに弟子入り。ここでカバンの構造や革製加工の技術を高め、後に独立。市場の屋台でカバンに関わる店を出し、1977年に現在の萬箱之王をオープンしました。

「今はオリジナルの商品は扱っておらず、全てが仕入れ品の優れたカバン、スーツケースを販売しています。特に『旅行』に伴うカバンは滞在期間や旅行頻度に合わせて最適なモノをオススメしています」（王さん）

店のコンセプトは創業当初から今も変わらない「モノを大切にし、愛用し続ける」。台湾らしい考えのように感じます。

「以前、『母親からもらったモノだから』と、購入費用よりも高額となるスーツケースの修理依頼を受けたことがあります。このようにモノには人それぞれの大切な思い出が詰まっていることがあります。私たちはスーツケースなどの寿命を延ばす、修理することは当然として、その背景にある『思い出』も大切に残すお手伝いをして行きたいと思っています」（王さん）

王さんが修業時代に作ったカバン

萬箱之王の店頭にレトロなかわいいバッグが飾られていました。聞けば、王さんが40年以上前の修業時代に手作りしたモノ。底面がファスナーで開く構造で、この中に化粧品などを入れる仕様とのこと。

かわいいなぁと見ていたところ「良かったらコレ君にあげるよ」とプレゼントしてくれました。王さんの大切な思い出が詰まった1点モノのカバン、大切に使います。

萬箱之王
高雄市新興區球庭路89號

王さんの手術を待つ無数のスーツケースたち。

腹が減ってはお買い物はできぬ日記

嘉義→台南→高雄→屏東編

【2024年10月某日・嘉義】

台中に滞在し蚤の市でシコタマ台湾の雑貨を買った翌日、早朝にクルマを走らせ南部へ。

途中、高速道路を嘉義で下り大好きな火雞肉飯《フォージーロウファン》（七面鳥のせご飯）を食べました。

嘉義は亜熱帯から熱帯へと変わる北回帰線が通っていることもあり、言わば台湾南部の入り口的なエリアです。蚤の市がなく、雑貨や日用品などの買い物で珍しいモノと出会う機会は少なそうですが、しかし日本統治時代の神社・家屋などが多く遺《のこ》っており、特に西に向かった朴《プー》子《ズー》、東石《トンシー》、布袋《プータイ》といったエリアではふと「アレ？　日本にいるんだっけ」と錯覚するほど日本的な趣きを強く感じる街でもあります。

そんな嘉義の中心部には無数の火鶏肉飯の専門店があります。日本のガイドブックでもよく紹介されているのは噴水《ペンシュイ》鶏肉飯という店。ここももちろん美味しいですが、僕の一押しは嘉義駅からすぐの場所に三雅《サンヤー》嘉義鶏肉飯という店。「駅近の店は（黙っていても客が来るから）味が劣るんじゃないか」と思われがちですが、僕的にはここの味がベストです。嘉義に行かれる方は各店によって微妙に異なる火鶏肉飯の食べ比べも楽しいと思います。

【2024年10月某日・台南】

嘉義からさらに南下し、台南へ。台南は各地にお買い物スポットが点在していますが、実は僕は最近、台南に宿泊することが少なくなりました。理由は「駐車場付きのホテルが高い」こと。

時間の流れが穏やかで、のんびりと過ごせる台南ですが「宿泊費は急にガルルルッと牙《きば》を剥く」印象で大好きなのに宿泊しにくいのが残念です。

こんな経緯もあり、実は僕が台南で食事をする機会はそう多くなく、今回も買い物でアチコチを回っている途中、「クルマを停めやすい」という理由だけで、たまたま見つけた看板のない店で、台南名物の牛肉湯《ニョウロウタン》（牛肉煮込みスープ）と白飯で終了。独特の滋味深い味わいで大満足でしたが、急いで食べ、次なる台湾雑貨を追いかけて高雄へと向かいました。

【2024年10月某日・高雄】

少し前に知り合った面白いタイポグラフィを作る台湾人グラフィックデザイナーで、自身のブランド・南国超級市場を運営するOo!ちゃん（高雄出身・東京在住・P144）。たまたま僕が高雄滞在中、Oo!ちゃんも高雄に帰郷していると聞き、ランチに付き合ってもらうことにしました。

向かったのはOo!ちゃんのソウルフードだという高雄・塩埕《イェンチョン》エリアにある米糕城《ミーガオチャン》。メチャクチャ混んでおり席を取るのもやっとでしたが、Oo!ちゃんチョイスの米糕（餅米の上にでんぶなどがのったもの）はどこかほっこりする味わい。美味しくいただきました。

Oo!ちゃんと別れ、夕方からは高雄の兄貴分・孟さんらと大宴会。

孟さんとの出会いを話すと長くなるので割愛しますが、孟さんと所属チームの社長、あるいは職場の人たちもみんな酒飲み。毎晩の晩酌を欠かせない僕にとっては、台湾で初めてできた「飲み友達」です。

孟さんにもまた「地元の人しかいない酒場が高雄にあれば、連れて行ってほしい」とお願いしていたのですが、そのままビンゴの熱炒（居酒屋）に連れて行ってくれました。

いずれの店にもメニューは

最小限。ほとんどがその日の仕入れを口頭で伝えオーダーする仕組みで、旅行者らしき客はゼロ。孟さんたちの知り合いの、また別の団体が偶然店で酒盛りしていて、結局皆さんとテーブルを超えての大宴会に。

孟さんのチームの社長さんが「お土産に」とレアで高価な高粱酒《カオリャンジョウ》（度数高めの蒸留酒）を３本もお土産にくれました。ちなみに僕がお土産に持っていった、飛騨・白川郷のドブロクは「味が強すぎる」とやや不評でした。

さらに、社長さんのお父さんが日本統治時代を知る世代ということで翌日はご実家にお邪魔し、インドネシア人のヘルパーさんによる美味しいインドネシア料理をいただきました。

しかし、これだけでは終わりません。その晩もまた社長さんのご自宅で大宴会。さらに、その翌日もまた孟さんの職場の人たちと大宴会。

孟さんはじめ、高雄の皆さんの日本に対する熱い思いと手厚いおもてなしに深く感謝するばかりでした。そして、酒を飲み進めるうち、本当に厚かましいですが「飲み友達」を超え、高雄に親戚ができたような気分になって、高雄を後にする際には嬉しさで目頭が熱くなるほどでした。

【2024年10月某日・屏東】

高雄からクルマで40分ほど走り、屏東《ピントン》の万巒《ワンルァン》へ。客家人が暮らす台湾屈指の豚足が名物の街で、土日ともなれば、お土産用の豚足をドライブスルー方式で買う人も多く見かけます。

複数ある豚足専門店のうち、僕は最も有名な海鴻豬腳《ハイホンジョウジャオ》で晩酌のおつまみ用の豚足を購入。オーダー時、女性店員同士が何やら怒鳴りあっていてビックリしましたが、帰る頃にはニコニコ談笑。関係の立ち直りが早いのもまた台湾的で良いなぁと思いました。

その後、北上し山のほうへ移動。パイワン族の暮らすエリア、その名もズバリの排湾《パイワン》で数件の取材。途中、少々怪しげながらも台湾偏愛人の僕的にはすごい気になる台湾版の秘宝館を発見。寄ってみたかったですが、今回の取材には全く関係ないので立ち寄りませんでした。

そして、宿泊地・屏東駅周辺へ。屏東夜市エリアはほとんどが休んでいますが、一部ランチ営業もしています。このうち、群を抜いて人気なのがワンタン屋さんの福記餛飩《フージーワントゥン》。店はわかりにくい立地にありますが、昼休みのOLや会社員がいっぱい。僕もここで昼食を食べることにしました。

何を注文するか迷っていたところ、シビレを切らした店のオバサンが勝手に炸餛飩《ジャーワントゥン》（揚げワンタンスープ）、蘿《ルオ》蔔麻醤麺《タオマージャンミェン》（和えそば）を僕のテーブルにドーン。そして、何も言わず姿を消してしまったので、隣のテーブルのカップルに食べ方を教わりいただきました。ニラ感強めの揚げ炸餛飩、芝麻醤たっぷりの独特の味わいがクセになる蘿蔔麻醤麺はどちらも美味でした。

午後は早めにホテルに入り、クルマの中にパンパンにたまりまくった雑貨類の郵送用の梱包。落ち着いたところで、午前中に買った豚足をおつまみに一人で酒盛りし、夜改めて屏東夜市へ。

昔、屏東を訪れるたびによく立ち寄った屏東夜市土魠魚《トゥトゥオユイ》羹《ガン》で土魠魚羹飯（魚とろみスープかけご飯）をオーダーしシメ。

懐かしい味わいと景色を前に、初めて屏東を訪れた際の思い出が蘇り、また切ない気分になりましたが、ホテルに戻ったら急にそれも薄れて一気に爆睡しました。

買東西その3

新進気鋭デザイナーズを追いかけて

台湾各地では、その地に根づく伝統的な技術や意匠が受け継がれています。

一方、こういった伝統的な技術や意匠を用いながら柔軟にアレンジ、デザインしたモノも多く、特に近年は、主に若手デザイナーによる「台湾各地の文化の再生」を目指す試みも盛んに行われるようになりました。

また、もちろんファッション、ファッション雑貨、はたまたカメラに至るまで台湾には各地に新進気鋭のデザイナーがいて、こういったクリエイターの取り組みも実に興味深く、そして台湾でしか入手できないものばかりです。

ここでは、いわゆる台湾の日用品とは違う一方で、やはり台湾人の文化や感性を強く感じる新進気鋭のデザイナーによるモノばかりを一挙紹介します。

屏東に根付く月桃編みブランド

桃布里

【読み】タオブーリー
【住所】屏東縣瑪家鄉5鄰51號903
【WEB】https://www.facebook.com/ngat2013

台湾南部・屏東の小高い山岳部に暮らす原住民・パイワン族に根付いた伝統工芸・月桃編み。地元では生活に欠かすことができない月桃と技術を活かし2013年よりスタートしたブランドが桃布里です。地元で生まれ育った潘さん、そして地元素材を活かしたバッグ類はいずれもオシャレで丈夫。この技・意匠に要注目！

上のバッグは5800元。屏東・瑪家郷にある桃布里では様々なタイプの月桃バッグを購入することができます。

桃布里・潘さんのアトリエを訪ねました！

屏東・瑪家郷《マージャーシャン》にある桃布里のアトリエを訪ねました。小さなアトリエにはデザイナーの潘さんと屈託のない笑顔がかわいいお子さんがいて、一緒に出迎えてくれました。

潘さんによれば今はオーダーが殺到してなかなか制作が追いつかないとのことでしたが、それでも僕を前に月桃の葉っぱを紹介してくれたり、お子さんと一緒に見送ってくれたりととても親切に応じてくれました。お子さんのお顔が美しく、女の子かと思い「バイバイ、妹妹《メイメイ》（女の子）」と言うと「いや男の子です」と潘さん。大変失礼しました。

多忙の中親切に対応してくださった桃布里のデザイナー・潘さん。

パイワン族伝統の革彫刻×手紋をバッグに

AliAli頑皮雕

【読み】アリアリワンピーデョウ
【住所】屏東縣泰武郷泰武村大武山五街18號
【WEB】https://www.facebook.com/alialipaiwan/

パイワン族の伝統工芸・革彫刻と、かつて多く存在した手紋《ショウウェン》（手の甲の刺青）の双方を現代に伝える新進気鋭のバッグブランド。

日本で言う「家紋」のような存在のパイワン族の手紋の紋様を一度金型に起こし、革に打ち込んだ後に製品化します。複数あるアイテムのうち、サコッシュはコアな台湾ファンの間でも人気です。

サコッシュ（写真上）は3200元。取材時、僕が買ったポーチは690元（写真下）。この手紋の型押しがかわいくてお気に入り。

人気のサコッシュは気軽にかけることがかえってオシャレ度を高めるかも（写真右）。収納力もあり、普段使いにも最適です（写真下）。

AliAli 頑皮雕・紀さんのアトリエを訪ねました！

AliAli頑皮雕のデザイナー、紀さんのアトリエを訪ねました。屏東縣泰武郷の綺麗な集落にあり、軒先ではバッグ類の販売と合わせて、様々な加工機材があり、興味深く見学させてもらいました。こちらの商品は基本通販ですが、事前予約での購入と合わせてアトリエへの訪問も楽しいはずです。

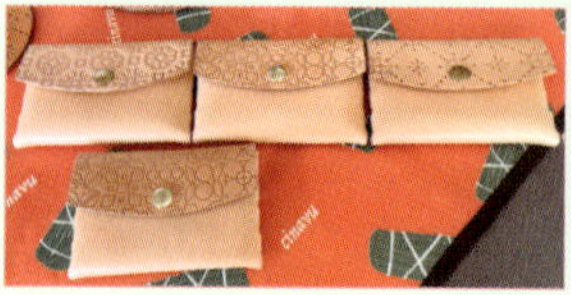

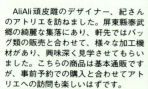

AliAli 頑皮雕のデザイナー、紀さん。かつては都会で学校の先生をしていたそうですが、後に帰郷しブランドを立ち上げたそうです。

屏東の「奥台湾」文化を日本に伝える

セメントプロデュースデザインとは!?

「デザイン」を「企画から流通まで全て」と、とらえて考える会社・セメントプロデュースデザイン。近年では多様な民族や文化に迫るイベントなどを熱心に行っており、日本と台湾で2023年から屏東エリアの伝統産業ブランドのデザインをサポート。東京・墨田直営店で「奥台湾」という原住民文化・商品の紹介と販売を行いました。

　こういった試みで新たに知る台湾ブランドも多く、今後も同様の展開に期待するばかりです。

2024年の展示では「奥台湾」を日本に紹介する企画で屏東のパイワン族の優れたモノばかりを紹介しました。

伝統文化をリデザインする動きは食の分野にも！

Pulima原食

【読み】プリマユェンジー
【住所】屏東縣屏東市康定街10號

　屏東での、伝統的な文化を現代にリデザインする動きは食の分野にも。屏東にある日本統治時代の旧宿舎の一角に開かれたPulima原食というレストランはパイワン族の伝統的な食・粟《あわ》を使ったドーナツを展開する興味深い店です。運営するのはパイワン族の頼さんと料理人の林さん。屏東来訪時はぜひ立ち寄ってみてください。

パイワン族の感性光るレザーブランド

海翼 Seawing Leather

【読み】ハイイーシーウィングレザー
【住所】高雄市楠梓區徳民路1252巷11號
【WEB】https://www.facebook.com/seawingleather/?locale=zh_TW

2002年より台湾でも高排気量のバイクの運転が認められるようになり、それに伴いハーレー・ダビッドソンなどのユーザーが静かに増え始めました。こういったバイクのカスタムと合わせて、バイクライフ向け革製品を作り始めたのが高雄の海翼Seawing Leatherというブランドのデザイナー・袁さんです。

袁さんもまたパイワン族出身。その伝統的な感性・意匠・技術を革製品に反映し、台湾ではまだまだ少ない高排気量バイカーたちの生活を彩り続けています。

「台湾のかわいいモノではなく硬派なアイテムが欲しいのだ」という人はSNSなどをチェックしてみてください。

海翼Seawing Leatherの商品群。いずれも一点モノばかりで価格もマチマチですが、日本の高級革ブランドとほぼ同じ価格帯です。袁さんに作って欲しい人はSNSなどでオーダーの交渉を。

海翼Seawing Leatherのデザイナー・袁さん。技術や感性の高さはもちろん、人間性も素晴らしい方です。

台湾ハーブ使用のスキンケアブランド

阿原YUAN

【読み】アーユェン／ユアン
【WEB】https://www.yuancare.com/（台湾）
https://yuancare.co.jp/（日本）

日本でも絶大な支持を誇る天然素材の石鹸ブランド。成り立ちは実業家の江さんが事業のストレスから体調を崩し、アレルギーやアトピーを発症。この状況から生活のペースを改善し、仏教・気功などの修養をしながら薬草や漢方を学び、純手作りの天然石鹸ブランドとして2005年にスタートしました。

また、2007年からは台北の陽明山国家公園《ヤンミンシャングオジャーゴンユェン》内に阿原農場を設け原材料を作り続けています。肝心の石鹸は全て手作業。熱を加えず、低温で作る工程で、素材の良質な成分を石鹸に閉じめることができるのだといいます。

肌への負担を抑えながら、優れた洗浄力と保湿力は日本でも大人気に。現在はオンラインでの販売に加え、誠品生活 日本橋をはじめとした店頭でも購入が可能。もちろん、台湾国内でも各所で購入できますよ。

本書の制作スタッフも愛用しているというユアンのソープ。各素材によって価格は変わりますが、115gのモノで2310円〜。ギフトセットなどもあるので、大切な方へのプレゼントにも良さそうです。

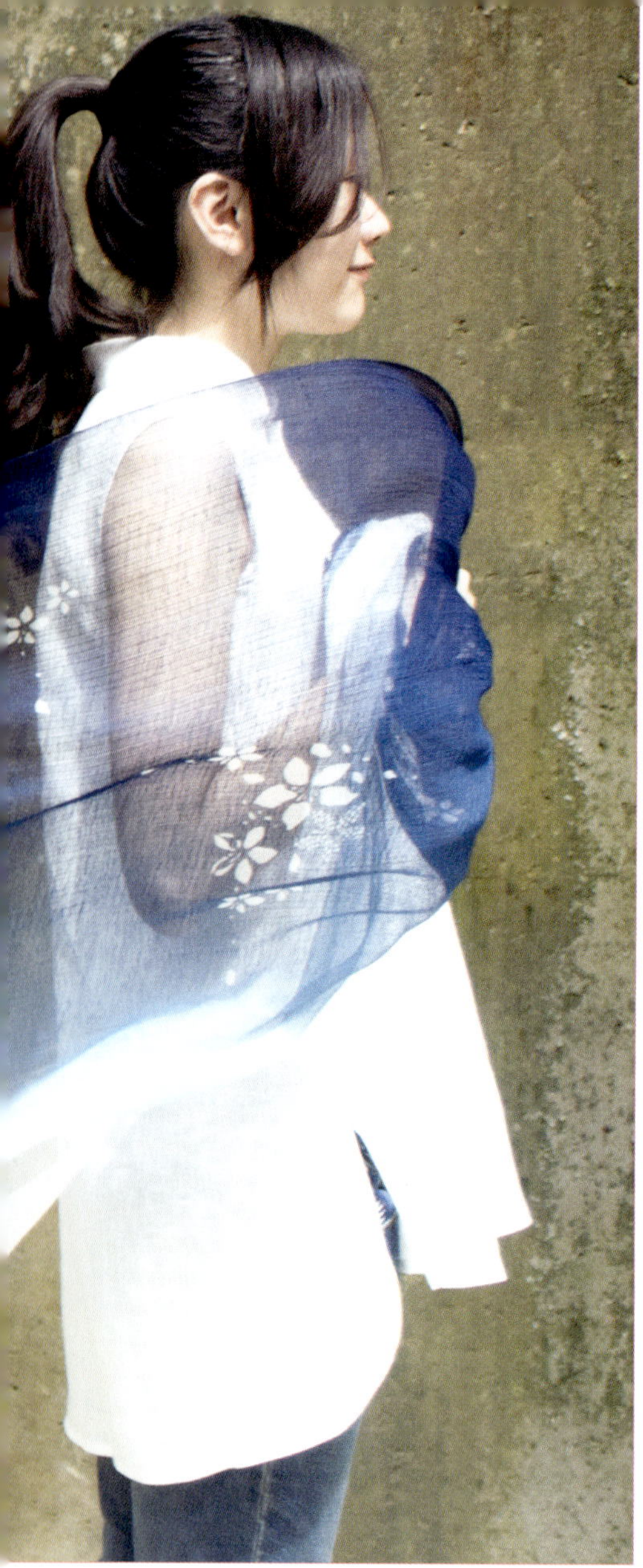

染め物工房の風合い深いアパレル

卓也藍染

【読み】ズオイェランシャン
【住所】苗栗縣三義郷雙潭村崩山下1-9 號
【WEB】https://www.joye.com.tw/activity/

「龍騰断橋《ロントンドゥアンチャオ》」などの名所がある苗栗《ミャオリー》の三義郷《サンイーシャン》。自然豊かなこの地にある染め物工房が卓也藍染です。元々はレジャーファーム・卓也小屋として始まり、民宿運営の一環で藍染の体験と制作を始めたところ台湾中に知れ渡るほどの人気に。後にこの藍染技術をもってブランド化。台湾の優れたデザイナーとコラボしたアパレルやアパレル小物の販売をスタートしました。

アイテムはオンラインでも購入可能ですが、できればその絞り染め体験も兼ねて卓也藍染を訪れて購入するのが良いでしょう。事前予約必須ですが、1日6回刻み・所要1時間ほどなので、気軽に体験できるはずです。

絞り染めの様子。体験の場合は自分で選んだハンカチ、バッグ、Tシャツなどの商品に、染色・酸化を複数回繰り返して「自分だけの藍染」を完成させます。

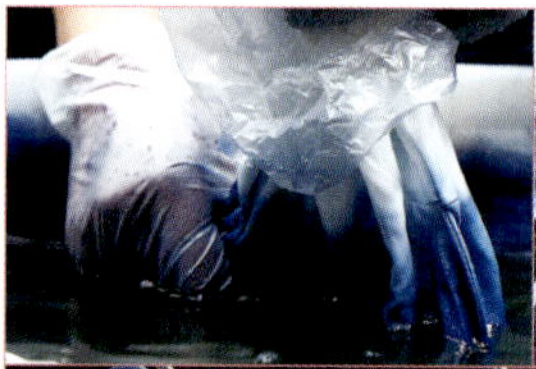

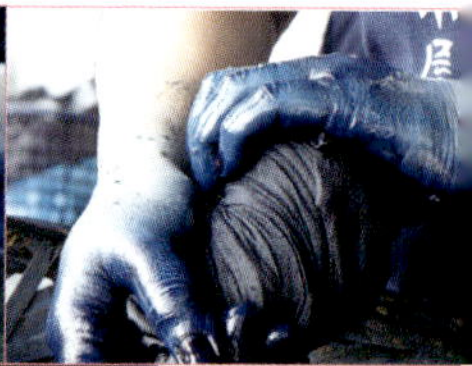

地元・三義に多く生える桐花をモチーフにしたストール、扇子など。台湾らしい奥ゆかさを感じる逸品です。

引き算で仕上がったランチクロス

Sharon-yang

【読み】シャロン・ヤン
【日本販売元】TAIWAN NeeL
【WEB】https://www.taiwanneel.com/

台湾のファッション業界で長年活動をしてきたシャロン・ヤンさんが、「引き算を生活に取り入れる」として新たに立ち上げたアパレルブランド。

このうち、特に彼女得意のグラフィックを活かしたランチクロスは綿100パーセントの二重ガーゼのモノ。タオル、スカーフ、ヘッドバンド、ラッピング布などにも流用でき、これもまた「引き算した最低限のモノで、多様に使える」アイテムと言って良いでしょう。

日本での販売元・TAIWAN NeeLでは現在の台湾らしいフルーツ柄のラインナップに加え、今後は別のデザインも紹介していきたいと言います。風合い良く台湾らしいランチクロス、ぜひ手に取って欲しいデザイナーズアイテムです。

まるで「台湾にいる」かのように
毎日にmade in taiwanを

TAIWAN《タイワン》 NeeL《ニール》とは!?

食品分析業界で長年研鑽を積んだ台湾好きのオーナーが「まるで『台湾にいる』かのように毎日にmade in taiwanを」をコンセプトに立ち上げた台湾食品のセレクトショップです。

日本人の多くが知らない台湾産のバニラビーンズ、ナツメ、白ごま油などを扱うほか、ライチ、愛文マンゴー、金鑽パインといった旬の果物などを輸入販売しています。

その一方で、「本当に良いモノ」であれば、食品の枠を超えて販売することもあり、その一つがシャロン・ヤンのランチクロスだったというわけです。TAIWAN NeeL取り扱いの貴重な台湾食品類と合わせてぜひチェックしてください。

ランチクロスはいずれも50×50センチで1650円（税込・送料別）。ちょうど良いサイズ感で、実際にお弁当を包むと、こんなオシャレなイメージに仕上がります。

PaperShootには様々なモデルがあり、ケースも様々。後からケースを着せ替えできるのが面白く、実用に加えてファッション感覚でカメラを楽しめるのがすごく良いなと思います。

台湾発・高級トイデジタルカメラ

PaperShoot

【読み】ペーパーシュート
【住所】谷口写真企画室：台北市信義區光復南路133號(松山文創園區)
【WEB】https://tw.papershoot.com/

2013年に突如登場した台湾製のトイデジタルカメラ・PaperShoot。カメラ基盤とケースが別になっていて、自分で好きなケースを選んで組み立てる仕組み。

台湾でも4千元前後〜とかなり高価ですが、この独自性に惚れ込んで台北滞在中に思い切って購入。かわいい一台でお気に入りです。肝心の写り味は左ページを参照してください。

僕が買ったのは「CROZ Vanguard Camera Set」というスケルトンケースのフルセット。5150元でした。

肝心のPaperShootの写り味は？

肝心のPaperShootの写り味ですが、室内撮影は暗く、また付属のマクロレンズを装着しての接写はボケぼけでほとんど使えずシャレだと思っておいたほうが良さそうです。一方、遠景の撮影は昔の「写ルンです」のような暗部が潰れる感じで、これはなかなかドラマチック。遠景での空気を感じさせる写真撮影ではなかなか良いカメラだと思いました。

スマートフォンで撮った写真

PaperShootで撮った写真

PaperShootは日本でも購入できますが、僕は台北滞在中、松山文創園區の谷口写真企画室にて購入しました（写真右）。この店はPaperShootのアンテナショップ的な店で、ほぼ全種のPaperShootがラインナップされています。せっかくなので、専用ストラップ（990元）も買いました（写真右下）。

PaperShootを 組み上げたところ。多少のコツは必要ですが、誰でも組み立てられる構造で、ここまでのプロセスもまた楽しいです。

来好の店内の様子。オシャレな店内に、従来品をリデザインした台湾らしい雑貨やモノがズラリ！

台北・来好では何が売れている？

売れ筋アイテム5選

嶼香《ユーシャン》 祈福蔓越莓牛軋餅《シーフーマンユエメイニョウヤービン》

台湾の代表菓子の一つ・牛軋餅をオシャレなパッケージにしたもの。ビスケットとヌガーの甘みはお茶請けにピッタリ。

陽光菓菓《ヤングアングオグオ》 光芒鳳梨酥《グアンマンフォンリスー》

台南関廟《グアンミャオ》産の原料を使った鳳梨酥《フォンリスー》（パイナップルケーキ）。ミルク風味のケーキ部とパイナップルの甘みの黄金比が絶妙。

来好阿里山紅烏龍《ライハオアリシャンホンウーロン》

2024年末に発売された来好のオリジナル烏龍茶。阿里山から1.5キロ離れた鼎湖《ディンフー》エリアで生産されたモノ。

来好台湾城市啤酒杯《ライハオタイワンチャンスービージョウベイ》

143mlの台湾式ビアグラス。第二次世界大戦中、物資不足のために公売局が設定したこのサイズを来好がリデザイン。

唐葫蘆姑娘《タンフールーグーニャン》 點痣鑰匙圈《ディエンチーヤオシージュアン》

台湾の人相学をモチーフにしたキーホルダー。身につけると人間関係が悪化しないとされ、特に女性に人気だそうです。

お馴染み雑貨のリデザインがザクザク

来好 Lai Hao

【読み】ライハオ
【住所】台北市大安区永康街6巷11號
【WEB】https://www.laihao.com.tw/

2014年に台北・永康街《ヨンカンジエ》にオープンした台湾の最新雑貨や食品などがズラリ並ぶ店。いわゆるギフトショップやお土産屋さんの意味合いもある店ですが、ラインナップの充実さは侮ることができません。

店のこだわりは「台湾の歴史や文化に根付くアイテム」であること。台湾で親しまれた雑貨や食品をリデザインさせた商品が多く、初めて台湾を訪れた人でも気軽に欲しいモノを見つけられる店です。

日本人の台湾ファンの中には「来好に行くことを最優先に台湾に行く」人もいるとか。この店でなければ出会えない逸品があるはずです。

腹が減ってはお買い物はできぬ日記

台東→花蓮編

【2024年10月某日・台東→安通温泉（花蓮）】

屏東からさらにクルマを飛ばして台湾東部の台東へ。台湾東部では原住民グッズ、台東の帆布バッグなどのお買い物。それと、屏東・台東に複数の店を展開する日曜百貨チェーン・正一《ジェンイー》を散策。

このチェーンは店内の隅々を細かく見ると、古い台湾雑貨のデッドストックがあるのと、「何かに流用できる」工事現場用品なども充実していて面白いです。だいたい街道沿いにあるため、わざわざ店を目指して行くことはオススメしませんが、近隣で店を見かけたら寄ってみてください。

台湾西部では雑貨の買い物、友達との宴会などで過密になることを予測していたので、台湾東部は事前にゆったりめのスケジュールに。台東からさらに北上し、花蓮に入ったあたりにある安通温泉飯店《アントンウェンチュエンファンディエン》でのんびり1泊することにしていました。

安通温泉は夜間は真っ暗になり、夕飯をとれるのはホテルか近隣に1軒あるレストランのみ。そのため僕は台湾屈指の米どころ、池上《チーシャン》に立ち寄り、駅前の鉄路弁当の名店・全美行《チュエンメイハン》で夕飯用の弁当を買ってから安通温泉へと向かいました。

安通温泉は少し山を上がったところにあります。温泉施設裏手には日本統治時代に作られた元警察官の宿泊所が今も遺っているのですが、数年前に、ラーメン屋さんにリニューアル。聞けば、数年前に施設のオーナーが代わり、「とんこつラーメン屋にしよう」と思いたって改装したそうですが、訪問時はしばし休業中とのこと。貴重な日本統治時代の遺構を使っての運営ですから、なんとか復帰してもらい「台湾イチのとんこつラーメン屋さん」になって欲しいと願うばかりです。

さて、肝心の安通温泉では裸湯に入浴。ここはぬるめの温度なのがありがたく、そして長時間浸かっても湯あたりしないのも嬉しいです。かつてこの地で暮らした日本人の生活を想像しながら1時間半ものんびり入浴しました。

そして、その後は部屋の窓を開け、池上で買った弁当をおつまみに一人で酒盛り。さすがに疲労困憊《こんぱい》で、そのままバタンと寝てしまいました。

【2024年10月某日・安通温泉（花蓮）→花蓮】

朝、日本では聞いたことがない鳥の鳴き声で目が覚め（台湾にいることを実感して嬉しくなる）、まずはチェックアウト前に、昨日と同じ裸湯に浸かることにしました。そこで案内してくれた男性に目が留まりました。実はこの男性、初めて家族で安通温泉を訪れた17年ほど前、とても親切にしてくださった方でした。

以降、何度も安通温泉を訪れていましたが、この男性の姿は見えませんでした。男性に話しかけると、まさに17年前に台北の会社に転職。そして、定年後にこの地に戻ってきて、再び安通温泉で働くことになったのだと言います。

男性の名は楊さん。17年前の僕のことは記憶にないそうですが、再会をおおいに喜んでくれ、「一緒に朝食を食べよう」と誘ってくれました。しかし、僕の部屋は朝食ナシのプラン。それを知った楊さんはホテルの受付にいる孫ほど年の離れた気の強そうな女性に「この人、友達だから朝食をタダでつけてやってくれないか」と話してくれました。

しかし、女性は「そんなことできるわ

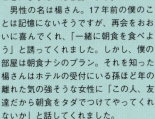

けないでしょう」とプン。楊さんは身銭で僕の朝食代を出してくれ、一緒に食事をしました。

アミ族の楊さんは穏やかで優しい方でした。思いがけない再会と、予想していなかったおもてなしを受け、温泉以上にほっこりした時間を過ごしました。

そして、安通温泉から約100キロほどを北上。２時間ほどをかけ花蓮中心部にたどり着き、まずはランチで名店・液香扁食《イェシャンビェンジー》でワンタンを食べました。

液香扁食のメニューは扁食(ワンタン)一択のみ。台湾全土、あるいは外国からもこの味を求めてやってくるほどの人気店で、花蓮を訪れるたび僕は必ず立ち寄ります。サッパリしているのにコクがあり、何故だか妙にクセになる液香扁食のワンタン。僕的には台湾で一番美味しいと思う店です。

大満足のランチの後、しばし花蓮中心部で雑貨や原住民グッズなどの買い物。そして夕方からは18年来の家族ぐるみのお付き合い、タロコ族の曾さんの家に遊びに行きました。

今回の花蓮訪問は雑貨や原住民グッズの買い物の目的もありますが、一番は年に一度のタロコ族のお祭りへの参加でした。

曾さんからお祭りの話を聞いていたもののタイミングが合わず、今回が念願の初参加です。曾さんの家では僕がお邪魔したこと、そして翌日のお祭りの前夜祭的な意味もあってか、家の空き地で盛大なバーベキューをしてくれました。

曾さん一家は大家族ですが、誰も酒を飲みません。結果、僕だけが手持ちの高粱酒を飲み一人で勝手にベロベロになってしまいましたが、それでも皆さん優しく接してくれどんどん酒を勧めてくれました。

そして一番嬉しかったのが赤ちゃんの頃から知っている孫のホウメイちゃん(中学生)が、太魯閣族の音楽を披露してくれたこと。

曾さんから指示されるわけでもなく、「披露しなくちゃ」と自発的に演奏を聴かせてくれたのがとにかく嬉しく、そして立派で頼もしくも思い、さらにベロベロに。結果まともに歩けなくなってしまい、帰りは息子のアーシャンがホテルまで送ってくれました。

【2024年10月某日・花蓮】

ベロベロになった翌日の朝、再びアーシャンがホテルに迎えに来てくれ太魯閣族のお祭りの会場へ。

想像よりも多くの人で賑わっており、飲食屋台、展示、ダンスなどが目白押しでした。ここでは太魯閣族の皆さんが朝からベロベロで過ごしているため、僕も遠慮なくまたベロベロに。

10月にしては日差しが強烈で、日陰がズレていくのに合わせてみんなで移動しながら過ごしました。とにかく暑いのでホウメイちゃんたちに「アイス食べない？　買ってあげるよ」と言うと、全員「さっき食べたから大丈夫です」と言います。誰一人食べていた様子は見ていないので、つまりは僕に遠慮しているというわけです。これもまた中学生なのに立派だと感心。それに比べていつもベロベロ・フラフラしている日本人のオッサンの僕は全くみっともない限りです。

途中、ダンス大会にホウメイちゃんたちと一緒に参加したり、会場で太魯閣族の衣装を買ったりしながら、最終的には午前だけで酔い潰れてしまいました。すごく楽しかったですが、子どもたちにとっての僕は「年に数回やってくる酔っ払いの謎の日本人」という感じでしょう。恥ずかしい限りです。

買東西その4

文具と玩具を追いかけて

日本では一軒構えの文具店が随分と減りましたが、台湾ではいまだに夜市沿いなどにポツポツ存在します。日本の文具メーカーからの輸入文具も多いですが、これに交じって台湾のメーカーのモノを見つけると、嬉しくなるものです。

また、台湾ではオモチャ専門店をそう多く見かけない一方、文具屋さんの店頭にオモチャが並ぶことは珍しくありません。つまりは「文具屋さんには子どもや学生が多く訪れるのだから、オモチャも一緒に売る」ということでしょう。

本章ではこれにならって文具とオモチャをまとめて紹介することにしました。特に近年の台湾のオモチャは版権キャラモノが多いですが、これを避けて大人の日本人旅行者でも「これは欲しい！」と思うモノをチョイスしたつもりです。欲しいモノがありましたら次の台湾旅でゲットしてください。

鉛筆

戦後の台湾で始まった文具メーカー・利百代《リバティ》。創業当初は輸入文具の販売のみでしたが、後に自社オリジナル商品も発売。その筆頭アイテムが鉛筆類です。

利百代の鉛筆はデザインが豊富で楽しいものばかり。近年ではレトロ調のデザインに人気があるようですが、僕個人的にはひと昔前のユルい絵が入ったモノが好きです。古そうな文具店を探すと、様々なデッドストックが出てくることがあります。

ここにあるほとんどが利百代の商品です。レトロ調デザインの鉛筆もかわいくて良いのですが、個人的には上の太ったペンギンの柄などが台湾的でお気に入りです。

消しゴム

消しゴムは複数のメーカーのモノをよく目にしますが、キッチュ好きにたまらないのがYUAN LIHというブランドのモノ。日本製の某消しゴムの黒と青の位置を逆さまにするなどの苦肉の策を前に、なんだか憎むことができないのは僕だけでしょうか。

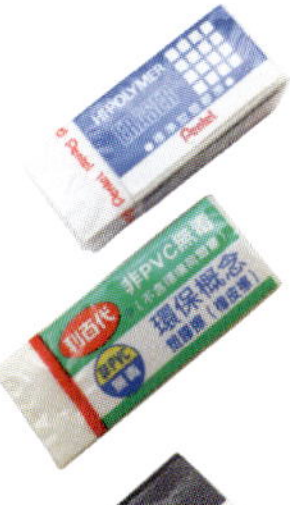

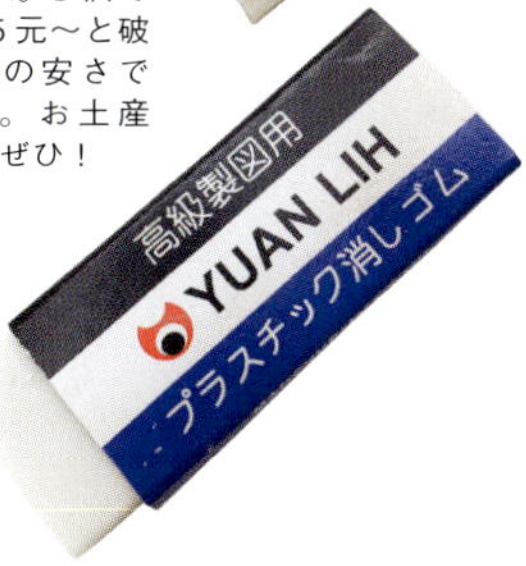

インパクトではどの消しゴムより勝るのはやはりYUAN LIH。3個で15元～と破格の安さです。お土産にぜひ！

ノベルティペンはどこで入手する!?

台湾の企業や団体のノベルティペン。デザイン度ユルめのそれらもまた、台湾偏愛人の心を掴むアイテムです。

各所の蚤の市などで販売されていることがあり、10本まとめて10元など破格値。見つけたらインクの出具合を確認してから購入を。

封筒・ノート・便箋

嵩張らず台湾旅のお土産にぴったりなのが封筒、ノート、便箋といった類のモノ。封筒やノートの目の粗い上質紙に、1～2色の染みるようなインク乗りがチープでかわいいし、食堂でお馴染みのピンクのノートや真っ赤な罫線の便箋もまたたまりません。自分用・バラマキ用にぴったりのアイテムです。

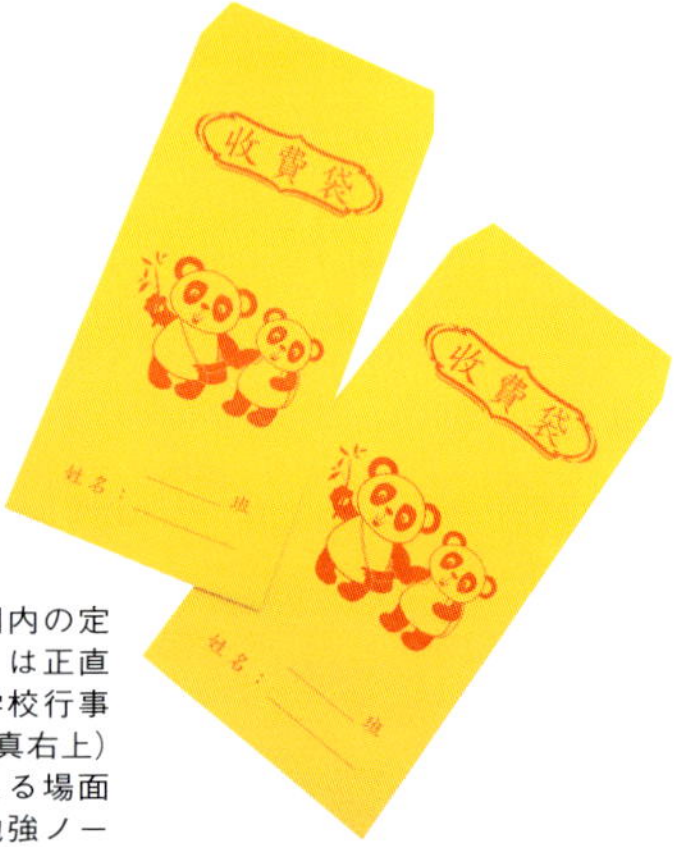

封筒類のうち、台湾国内の定型のモノ（写真左上）は正直使いにくいですが、学校行事などで使う集金袋（写真右上）は絵がかわいく、使える場面も多いはず。定番の勉強ノートは国語仕様のモノ（写真左下）がコート紙。汎用的な科目で使えるモノ（写真右下）が粗い上質紙です。

日本のそれともよく似た原稿用紙（写真右）は500字詰めなので要注意。また、僕が台湾に行くたびに買って帰ってくる食堂などでお馴染みのピンクのノート（写真左下）と、赤い罫線の便箋（写真右下）。どちらも20元～と安いので、ぜひゲットを！

包装紙

台湾のレトロな包装紙を見つけると無視して帰ることができません。P099で紹介した迪化街の茂《マオ》芳《ファン》紙《ジー》行《ハン》という紙屋さんはこれらの包装紙が1メートル単位でなんと6元。シャレのわかる人へのプレゼントの包装に良いと思います。

台湾っぽさを感じるレトロキッチュな包装紙群。台湾解釈の過剰な梅の総柄（写真左上）や過剰な髙島屋風（写真右上）も渋くて最高です。

ハサミ

多くのモノを持ちたがらず、ごく限られた道具を多彩に使うことを好むように見える台湾人ですが、何故かハサミだけは豊富にある印象があります。

電線をもブッタ切るような超鋭利な重厚なモノから細部を切れる裁縫用、はたまたかわいい子ども用まで。よく見ると日本にはないデザインのモノもあって見て回るだけでも興味深いです。

長きにわたって台湾人に親しまれている糊《のり》（写真左）。原材料は昔ながらのお米由来のでんぷん。プラ容器のフニャフニャ感と合わせてレトロキュートでかわいい一品です。また、台湾にはハンコ文化が根強く残っており､朱肉の種類も豊富（写真右）。台湾の広告などでよく見る「毛筆ロゴの下に押された落款」なども根強い台湾のハンコ文化を象徴するように感じます。

利百代の象徴的商品のスタンプ台（写真下）。容器が金属製で蓋を開けるといかにもザ・台湾な縦組みの文字が。

朱肉・スタンプ台・糊

台湾の雑貨には、開発当初のままリニューアルなどされず、台湾人の日常で何十年以上も使われ続けるモノが多くあります。そのレトロで素朴な感じに強く惹《ひ》かれるわけですが、文具では糊、朱肉、スタンプ台などがその筆頭と言って良いでしょう。

これらは台湾人なら誰でも知っている定番文具の代表選手。無駄なく使いやすくコストパフォーマンスにも優れていて「新しいモノや変化を好まない」台湾らしい文具のように僕は思います。

ミニカー類

台湾の子ども用のオモチャは、日本に比べて種類が少なく、さらに近年はキャラクター版権モノばかりを目にします。そんな中で台湾らしくて、大人が見ても「欲しい！」と思えるのがミニカー類です。

特に台湾の幼稚園バスのミニカーは各メーカーから複数種の商品が出ています。部屋の片隅に飾っておけば、台湾の幼稚園児の賑やかな声が聞こえてくるかのようで楽しい気持ちになります。

台湾の幼稚園バスのミニカー群（写真上）。中にはラジコンまで（写真左）。この他、働く系のミニカーは複数種販売されているので、部屋のアクセントやコレクションにいかがでしょうか。

レトロオモチャ

レトロなオモチャもないわけではありません。バンバンボール、吹き出しシャボン玉、凧《たこ》など。古そうな文具店などを探せば「これは！」というモノに出会えるかもしれませんよ。

昭和世代にはお馴染みのバンバンボール（写真上）と、吹き出し式シャボン玉（写真下）。シャボン玉の象の半笑いを見ていると、自分も同じ表情になってくるから不思議です。

何故か電化製品専門店で発見したデッドストックの凧。幾重にも連なって舞い上がる中華スタイルです。

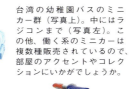

台湾の日常を表現したジオラマ

台湾人ジオラマファンをうならせたペーパージオラマキット・台灣《タイワン》ㄟ《エ》厝味《クォウェイ》シリーズ。現在は絶版ですが、古書店などに行くと100元ほどで販売されていることも。

台灣ㄟ厝味シリーズは全部で6種類あり、いずれも台湾の古き良き風景を組み立てるモノ。その時代を知る日本人はそう多くないでしょうが、昔の台湾を想像して組む時間は至福のひとときになるはず。

日本の百均ではほとんどの店でジオラマやドールハウスの関連グッズが売っていて、「小さいモノとかジオラマ好きの人って意外と多いんだな」と気付かされますが、これは台湾も然《しか》り。むしろ日本よりもアツいようにも感じます。

台湾人のマニアたちはSNSで「いかに小さくて精巧なモノを作れるか」を競うように投稿しており、こんなニーズを反映してか台湾の日常を表現したジオラマキットも少ないながらも販売されています。

マニアほどの技術がない僕ですが、こういうキットは嬉しくて何種類かを購入しました。大好きな台湾に行けない時間でも、こんな「ミニ台湾」を近くに飾っておくだけで、何だか嬉しい気持ちになるモノです。

台湾人は小さいモノか大きなモノが好き

小さいモノが好きな例（小人國）

桃園にあるアミューズメントパーク・小人國は台湾の小学生の遠足の定番スポットです。園内に設置された「台湾の名所」のミニモニュメントを見てまわります。

こんな英才教育が「小さいモノ好き台湾人」を育む……と言えなくはないですが、一方で台湾人は大きいモノも好きそうです。地方部では地元の名産や神様、はたまた警察官の帽子まで拡大された例もあります。

大きなモノが好きな例（地方部）

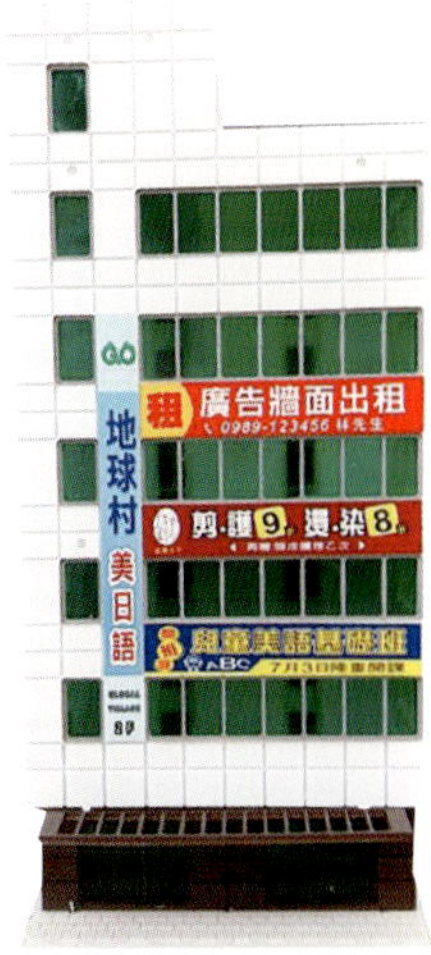

台湾の日常を部屋などに飾るだけであればNゲージ用のストラクチャーもオススメです。台湾のチェーン店の建物などが身近にあれば、いつも台湾がそばにある気分に。

僕の仕事場のショーケースに飾っている自作のTINY微影《ウェイイン》。64分の1モデルですが、ごく普通の台湾の日常を、細部にわたって再現する同ブランドのこだわりに驚愕するばかりです。

移り変わりゆく
台湾と香港の景色を遺す

日常にこだわる TINY微影の世界

香港のジオラマキットブランド・TINY微影。自国・香港のごく普通の日常風景をスケールダウンしたキットで、細部の再現度の高さでジオラマファン、Nゲージファンなどの間で注目を浴びました。

後にTINY微影の台湾版も登場。台湾の日常風景も見事に再現し、僕も複数種のモデルを購入しました。1モデル3000元台〜。結構値が張るようにも思いますが、大好きな台湾をここまで細かく再現したキットなら惜しい額ではありません。

組み立て方はプラモデル同様。設計図通りにパーツごとに付属のシールを貼るなどしながら、接着剤を使って組み立てる寸法。「台湾の建物ってこういう構造だったのか」と気づくことも多く、とても楽しい時間でした。

桃園《タオユェン》の亀山《クイシャン》エリアには台湾のTINY微影のヘッドショップがあり、商品の販売と合わせて、デモンストレーション的展示（写真左）を見ることもできます。

ここまでのこだわりの裏には「香港＋台湾の移り変わりゆく日常風景を遺したい」という強い思いがあるように思えてなりません。台湾ファンの方、ジオラマファンの方、ぜひご注目を！

台湾の日常を表現した「Tiny台灣 1/64 Bd2」というモデルキット。この他に道路、人間、クルマなどのパーツも別売りされています。

台湾のミニチュアアートを牽引する！

大宮・台湾茶房e～one大プッシュ！

郭《グオ》桃《コウ》甄《シン》さんの世界

「小さいモノ」を自作で作るミニチュアアートの世界

ここまでの紹介の通り、台湾にある「小さいモノ」は実にレベルが高く奥深い世界ですが、これらを〝自作〟するミニチュアアートの世界もまた台湾では絶大な支持を得ています。このミニチュアアートの草分けで20年以上一般人に創作指導を行ってきたのが作家の郭桃甄さんです。日本ドールハウス協会の台湾支部長を務める方で、台湾ではたびたびマスコミにも紹介されてきた方です。

近年は大宮・台湾茶房e～oneのアテンドによって、東京でのワークショップなども実施。指先ほどのミニチュアアートの制作術を一般にも惜しみなく紹介しています。

台中をテーマにしたミニチュアアート。各所の名産をミニチュアアートにすることで、かの地への思いも深まります。

台湾をミニチュアに記録し台湾の文化を伝えたい

そして、郭さんがミニチュアアートのモチーフとして推奨するモノの多くは台湾の郷土菓子や郷土料理。これもまた台湾ファンにとってはたまりません。

「台湾をミニチュアに記録し続け、体験と合わせて台湾文化を伝えたいと思っています。ミニチュアアートの

指先ほどのミニチュアアートに驚愕。郭さんによれば「挑戦し続けるプロセスこそ楽しいですよ」とのこと。

郭さん制作の台湾屋台。屋台から漂う香り、料理の味わいまで頭に浮かんでくるほどの再現度です。

世界の楽しみは、現実の生活を縮小することですが、同時にいつも作品作りは新しい挑戦です。作品が完成するまで挑戦し続けて欲しいです。作り続けるプロセスは楽しいことでいっぱいですよ」（郭さん）

郭さんの日本での活動情報は台湾茶房e～oneでも得ることができます。奥深く楽しすぎるミニチュアアートの世界。どっぷり浸かってみてはいかがでしょうか。

台湾料理＆台湾文化の発信地

台湾茶房e～one（埼玉・大宮）

大宮の台湾茶房e～oneは日台夫婦が営む台湾料理店です。本格的な台湾料理の数々をいただけるだけでなく、不定期でワークショップなども開催。自店の他、台湾フェスなどにも多く出店し、総合的に台湾文化を発信し続ける貴重なお店です。

台湾茶房e～one
住所　埼玉県さいたま市大宮区東町 1-121-2
電話　048-871-8161
営業時間　火～土 11：00～15：00／18：00～21：00
日11：00～15：00　月定休

丹祿夫人Lady DanLoo
陳さんに聞いた

古き良き台湾の「音が鳴る」オモチャ

台中のはちみつブランド・丹祿夫人Lady DanLooの陳さん。日本での台湾フェス出店の際、台湾のオモチャを鳴らして客を集めていました。そのオモチャの由来を聞いてみました。

「これらは台湾の郷土玩具で、いずれも農村部などのエリアで親しまれた『音が鳴る』モノです。身近にある素材を使った素朴なオモチャで、作り方は各地で継承されていきました。

また、音が鳴ることで、子どものオモチャとしてだけでなく、例えば、はちみつ、焼き芋、豆花の行商で客を集める際に使われたり、軍事演習で使われることもあったようです。

これらの昔ながらの親しみやすくオーソドックスなモノは、私たちのはちみつブランドの商品と通ずるところがあります。古き良き台湾の文化、そして台湾の味を次世代にも継承していきたいと思っています」(陳さん)

ククイの楽器

台湾南部に見られる木・ククイの実を木に巻きつけた楽器。ブンブン回すことで独特のかわいい音が出ます。

空き缶と竹のオモチャ

1950年代以前の台湾の農村部でよく作られたモノ。グルグル回すことで竹が缶を叩き音が鳴る仕組み。

桂竹(タイワンマダケ)を組み合わせたオモチャ

台湾に古くから伝わるDIY玩具。桂竹を組み合わせて回すことで音が出る仕組み。行商や軍事演習などの場面でも使われたそうです。

丹祿夫人 Lady DanLooは良質の台湾産はちみつや、はちみつを素材にしたスイーツなどを展開しています。いずれも台湾らしい優しい味わい。お土産にもぜひ!

丹祿夫人 Lady DanLoo
https://www.bestbee.com.tw/
https://datesweet.com.tw/

買東西その5

伝統とすごい技術を追いかけて

台湾には庶民的な雑貨や日用品、はたまた新進気鋭のデザイナーズアイテムもありますが、その一方で伝統的な技術を守り続けるモノも多く存在します。これらもまた有名無名様々ですが、いずれも台湾の日常を彩ってきた逸品ばかりであることは間違いありません。

　また、こういった経緯がありながらも廃れてしまったモノや産業を復活させる動きもあり、これらもまた台湾人のライフスタイルや価値観を感じられる有意義な取り組みのように感じます。

　本章ではこんな伝統とすごい技術を持つモノや事象、そしてこれらに触れられたり、体験できるスポットを解説します。

台湾・日本・ヨーロッパの美しきミクスチャー
台湾に遺る和製マジョリカタイル

嘉義 台湾花磚博物館

【読み】タイワンホワチュアンボーウーグァン

スペインのマジョリカ島に、9世紀頃から伝わるイスパノ・モレスクという錫釉色《すずゆういろ》絵陶器がありました。この陶器の美しさに魅せられたイギリスの陶磁器メーカーが後に「マジョリカタイル」という名称で模倣品を発売。

さらに、このタイルを知った日本人が、大正から昭和初期にかけてさらに模倣したタイルを発売。独自のデザインや技法を加えて広めたのが、和製マジョリカタイルでした。

台湾花磚博物館で購入できる和製マジョリカタイルの技法を用いたコースター類（写真下）。僕は和鳥が描かれたマジョリカタイル仕様のモノと、かわいいガラスのモノを買いました。

博物館の入場は有料ですが、商品購入で免除されます。館内の1枚ずつを見ているとあっという間に時間が過ぎます。

当時の台湾は日本統治時代。台湾各地でも和製マジョリカタイルが採用され、住宅の各所に装飾されていきました。

こんな貴重な和製マジョリカタイルをコレクションし続けた台湾人が2016年に嘉義に台湾花磚博物館という施設をオープン。同時にその技法を用いた商品も販売し、日本人旅行者の間でも大人気になり、今日の和製マジョリカタイルは「台湾のアイコン」的に見られるようにも。

ヨーロッパの技法をベースにした日本・台湾のミクスチャーな意匠は独特の美しさ。同時に日台の深い絆と歴史を呼び起こさせます。

台湾花磚博物館
嘉義市西區林森西路282號

熱心に油紙傘を作る美濃李家傘廠の職人さんの様子。

客家文化が根付く高雄・美濃で
伝統的な油紙傘が今日も開く

高雄 美濃李家傘廠

【読み】メイノンリージャーサンチャン

古くから客家人が暮らし続ける高雄の郊外、美濃エリア。ここは「客家文化の象徴」とされる油紙を使った竹傘の名産地です。

当初は雨風をしのぐため実用されていた油紙傘ですが、客家語の「油紙」の発音が「有子」によく似ていることから、子孫繁栄などの縁起物として大切にされるようになったと言われています。

美濃エリアには最もランドマーク的な原郷緑《ユェンシャンリュイ》傘文化村《サンウェンホワスン》の他、複数の専門店があります。これらのうち美濃李家傘廠は大小様々な油紙傘があり、対応も親切。油傘作りのワークショップも実施しており、貴重な客家の伝統工芸を体験するには最適な工房です。

大ぶりなモノだけでなくコンパクトなタイプも販売されています。小さくても作りは本格派。縁起物としてはもちろん、部屋の飾りなどにも良さそうです。

美濃李家傘廠からほど近い、美濃の紙傘文化を伝える原郷緑傘文化村。多くの旅行者が訪れる観光名所です。

美濃李家傘廠
高雄市美濃區瀰濃里
中山路一段339號

台湾製レースにこだわり抜いて60年以上
数万通りのレースはまさに「繊維の宝石」

台南 明林蕾絲

【読み】ミンリンレイスー

台南の名物品と聞くと、多くの人が帆布バッグ（P044）を思い浮かべると思いますが、実は台湾のアパレルを深く掘り下げる際に、欠かすことができないモノがこの地で作られていました。それが明林蕾絲というメーカーによるレースです。

1959年創業のメーカーで、当初はレースとボタンをはじめとしたファッションアクセサリー全般を販売し大いに注目を浴びました。しかし、数年後に需要が減少し、1964年にレース専門店に転身しました。日本、ドイツなどの機械を輸入し、伝統的な職人技術・刺繍技術を惜しみなくつぎ込むことで美しく高品質のレースばかりを生み出しました。

このレースのクオリティが台湾のアパレル業界の多くに認められることとなり、今日までに

台南で育まれた「繊維の宝石」とも言うべき明林蕾絲によるレース製品。ステッチ漏れなどのヤレが全くない、細部まで完璧に作り込まれた逸品です。

僕が購入したレース群（写真右）。このうち、右上にある長方形のモノは袋仕様になっており、廟の御守りなどを入れて使う人もいるそうです。

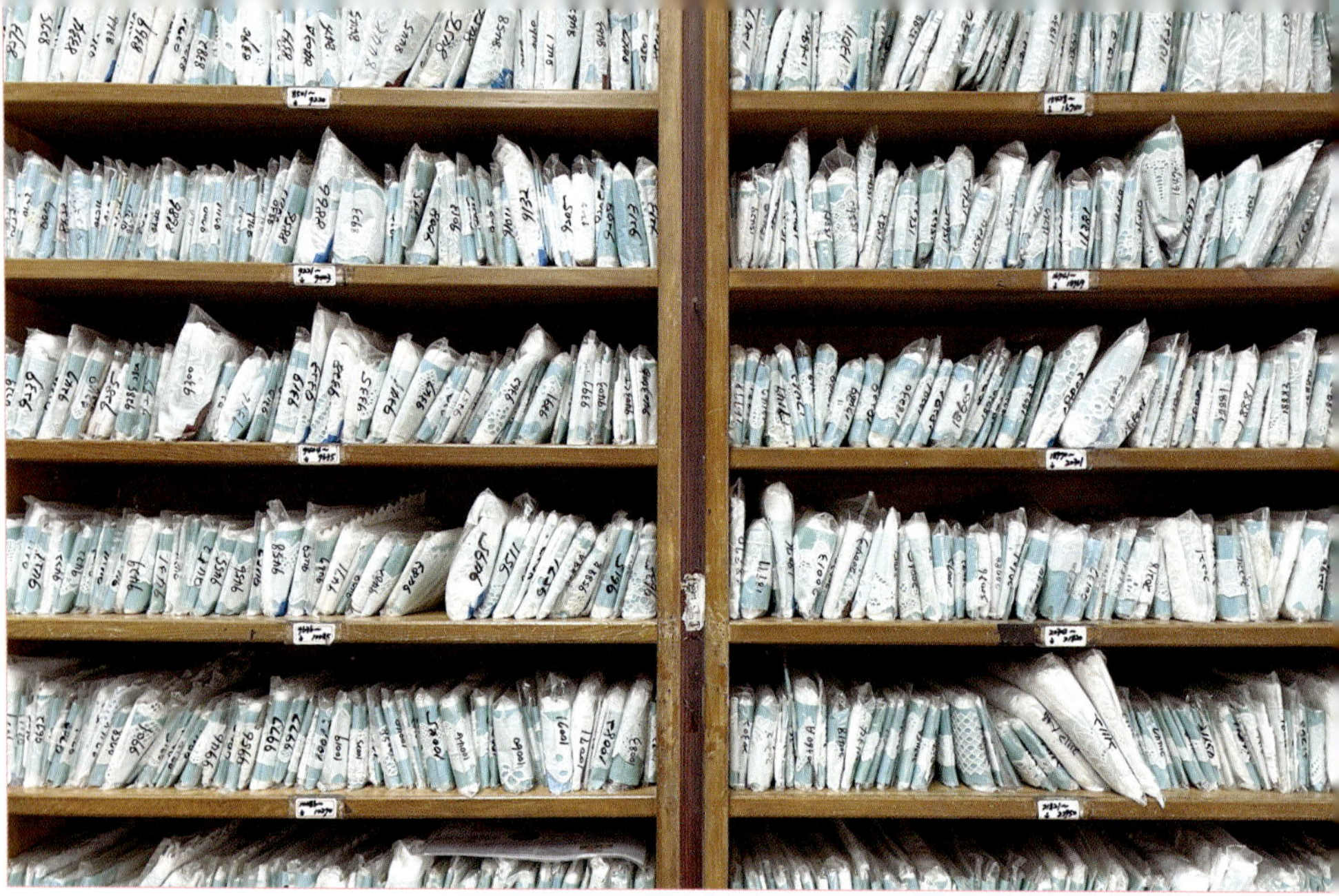

明林蕾絲の棚の一部（写真上）。全てレース商品ですが、まだまだ氷山の一角で合計で数万種ものレースがあるそう。レースの見本が入ったリストブック（写真下）には日本語での記載もありました。明林蕾絲では今後、日本のアーティスト、デザイナー、企業とのコラボレーションも積極的に取り組んでいきたいとのことです。

台湾国内だけでも300社以上のメーカーで採用されるほどとなりました。

60年以上の歴史の中で、数万種ものレースを作り続けてきたことで台南の三官路にある本店には無数のレースが存在し、まずその物量に圧倒されます。さらに、その一つ一つを見てみれば、まさに「繊維の宝石」とも言うべき繊細なモノばかり。アパレルに造詣のない人でも感動を覚えるはずです。

明林蕾絲ではアパレルパーツとしてのレースだけでなく、レース素材のファッション小物などの取り扱いもあります。台湾屈指の高いクオリティを誇る明林蕾絲のレースにぜひ触れてみてください。

明林蕾絲

台南市南區三官路117號

嘉義・民雄で50年以上「台湾式火鉢」を
手作りで生産し続ける

嘉義 羅榮材烘爐工廠

【読み】ルオロンツァイホンルーコンチャン

今から10年ほど前のこと。台湾の離島・金門を訪れ、福建様式の古い民宿に宿泊したところ民宿のオーナーが、軒先で缶に覆われた火鉢でスープを温め提供してくれました。スープの味も美味しかったのですが、その味と同じほど感動したのが、その火鉢でした。無骨な作りですが、コンクリート風で熱の維持力が高いことがよくわかります。

僕は当初、てっきり金門あるいは福建省のモノだと思いオーナーに「この火鉢は金門のどこで売っているか」と訪ねたところ、意外にも「いやこれは嘉義・民雄《ミンション》のモノだ」と言います。

火鉢の正式な名称は「烘爐《ホンルー》」。金門から台湾本島に戻った後、偶然にも嘉義エリアを巡る予定を組んでいたので、その足で日用品店に行くと、確かに金門で見た烘爐が。迷わず買いまし

嘉義・民雄エリアで作られる火鉢として知られる烘爐（写真上）。現在、地元での製造は羅榮材さんの工場のみです。

製造過程の烘爐の様子（写真左）。羅さんによれば、その製造工程は実に複雑で時間がかかるモノだそうですが、それでも従来からの製造方法を守り続けているとも。

たが、せっかくなので工場にも行ってみたくなり、さらに調べて民雄にある羅榮材烘爐工廠（民雄烘爐）を訪ねました。

対応してくれた羅榮材さんは、工場の3代目で、手作りによる烘爐製造40年以上（当時）だと言います。かつては嘉義界隈に同様のモノを作る業者が6 ～7軒あったそうですが、現在は羅さんの工場のみになってしまったそうです。

烘爐は粘土、灰、水を混ぜ型に流し込んだ後、太陽光に干して固めます。この間、約1週間。固まったところでさらにセメントを塗り、表面をさらに固めた後、外側に缶を接着し完成させるのだと言います。

長年、愛用してきた人を裏切ることがないよう従来の製造方法にこだわり続けるところに畏敬の念を抱くばかりでした。

伝統的で使い勝手が良く、どこかかわいらしい烘爐。こんな素晴らしい火鉢が台湾にあったことを知り、以来、僕は烘爐の大ファンになりました。日本ではキャンプなどに使っています。

烘爐を覆う缶は以前は廃材をそのまま使っていたようですが、入手しにくくなり、「廃材風の缶」をオーダーし、使うようになったのだそうです（写真右上・左上）。突然の訪問にも快く応じてくださった羅さん（写真左）と出荷を待つ烘爐たち（写真下）。

羅榮材烘爐工廠

嘉義縣民雄鄉正大路三段2105號

画期的な地方創生によって息を吹き返した
地元の伝統文化と技術

南投 小鎮文創

【読み】シャオチェンウェンチュアン

景勝地・日月潭《リーユエタン》や台湾製紹興酒の生産地として知られる埔里《プーリー》などを有する南投《ナントウ》。これら名所の陰で、エリア内各所では様々な地場産業や伝統的な文化があります。そのうちの一つが竹山の「竹産業」です。

地名の通り竹山には50～60平方キロの竹林があり、かつては「竹製品の名産地」として主に輸出で栄えた時代がありました。しかし、80年代以降はプラスチック製品に市場を奪われ過疎化。人口も減少し、ついには竹山の中心部までのバス路線の一部も廃線に。ランドマーク的な存在だったバスターミナルにはホームレスが住み込むほどの事態に至りました。

この経緯を知った南投出身の何培鈞さんは「なんとかして竹山の文化と伝統を復活させら

何培鈞さん。聡明でありながら、台湾人らしい柔和な人柄で、言葉が不慣れな僕にも翻訳アプリ越しに親身に質問に答えてくれました。

伝統的な竹編み（写真上）を行う業者がある一方、竹素材のビアグラスや自転車といった新しい商品を打ち出す商店も（写真左・下）。

竹山の中心にあるバスターミナル（写真上）。一時廃線になりながらも何さんの取り組みで地元に活気が戻ってから路線が復活。ロビー（写真左）は竹を使ったデコレーションが施され、その2階の宿舎跡（写真最上）はご覧の通りのオシャレなカフェに。

れないかと模索し小鎮文創という会社を設立。まず、竹山にある古い民家とバスターミナルの再利用に着手します。古い民家は民宿に、バスターミナル２階のバス職員の宿舎跡には、竹ひごを編み天井板と柱を覆いオシャレなカフェにリノベーションしました。

同時に地元の商店、製造業者、農家などの活性化を図るため、こういった人たちに新しい商品の提案をし、さらにそれまでにはなかった売り先や流通網も確保しました。

これらの取り組みにより、竹山が再び注目を浴びることとなり、かつてとは違うカタチで少しずつ息を吹き返すことになりました。

また、これらの何さんの取り組みは、台湾国内外から評価を受け、特に起業などに意欲ある若者から支持を受けることにもなりました。

何さんはこれらの取り組みについて「竹山だけの地方創生ともまた違う」と言います。

「竹山の文化、伝統、技術が復活することはもちろん重要です。しかし、それだけで終わらせるのではなく、竹山の取り組みをモデルにデジタルも取り込んだ各地の創生を今後行っていきたいのです。

まだ道半ばですが、どんな困難や失敗も僕にとっては全て力になり、次のアイデアの種になります。これからも恐れずに新しい取り組みをやっていきたいと思っています」（何さん）

何さんに話を聞いた後、竹山の街中を歩くと若い世代が作った商店、それまでにはなかったであろうモダンな竹商材を扱う店がいくつかありました。このような新風によって、かつて培われた伝統や文化が継承されるケースが台湾の他の地域でも増えると良いなと思いました。

竹山の竹は近年様々なプロダクトに採用されるようになりました。そのうちの一つが歯ブラシ（写真下）。風合い良く、実用面でも優れたアイテムです。

小鎮文創

南投縣竹山鎮菜園路25-1號

旅行者がいきなり購入することができないものの、見本としてブラ下がる提灯を見るだけでも圧巻です。

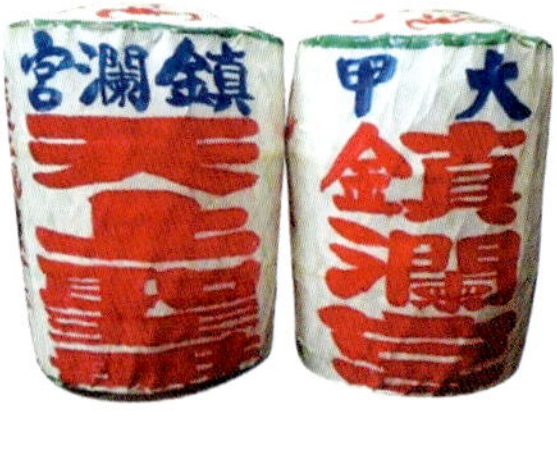

提灯に描かれた細やかな絵や力強いタイポグラフィ。以前僕は、その文字に感動し、老板の林聰賢さんに本に使う文字を描いていただいたことがあります。

台湾中の廟からオーダーが来る
6代続く台湾屈指の提灯専門店

雲林 北港森興燈籠店

【読み】ベイガンシンシンドゥンロンティエン

台湾の媽祖廟の総本山・朝天宮《チャオティェンゴン》がある雲林《ユンリン》・北港《ベイガン》。このすぐ近くに150年以上、6代にわたって続く提灯《ちょうちん》専門店・北港森興燈籠店があります。

竹の伐採から提灯枠の編み込み、紙張り、絵付けまでを全て手作業で行い、台湾中の廟から提灯のオーダーが入るカリスマ店です。

提灯は全て注文式なので旅行者がいきなり購入できるわけではないものの、描かれた細やかな絵柄や力強い文字の伝統と技術は一見の価値あり。台湾ならではのグラフィックに感動することウケアイです。

北港森興燈籠店
雲林縣北港鎮中山路91號

日本人にも多く技術を教えてきた
パイワン族の伝統的な刺繍と意匠

台東 陳媽媽工作室

【読み】チェンママコンツォシー

台湾の原住民は政府が認定するものだけでも16部族。不認定の部族も含めると、さらに多くの原住民が存在し、各部族ともに独自のアイデンティティと美的感覚、伝統的な意匠を持っています。

多くある原住民の部族の中で、特に煌びやかで細やかな意匠を持つように感じるのがパイワン族。その伝統的な意匠と刺繍技術を未来に伝え続けるのが台東・太麻里《タイマーリー》に暮らす陳利友妹さんです（陳ママ）。

日本語が堪能なことに加え、その穏やかで明

「陳ママ」の愛称で日本人からも慕われるパイワン刺繍の権威・陳利友妹さん。工房訪問の際は事前に予約しておくのがベターです。

パイワン族にとって守護神であり、祖先と言われるヘビをモチーフにした陳さんによる作品。色鮮やかで美しく、そして細部にまで紡がれた伝統的なパイワン刺繍に感動するばかりです。

パイワン刺繍による民族衣装（写真上）。紋様や様式の意味についても陳さんは優しく解説してくれます。工房ではパイワン刺繍の小物なども販売（写真右上・右）。在庫次第なので、どうしても欲しいモノがある場合は事前にオーダーの相談をすると良いでしょう。

るく優しい人柄に、つい甘えてしまいますが、実はパイワン刺繍の権威として台湾では人間国宝とされている方です。日本人のファンも多く、陳さんにパイワン刺繍の教えを請いに太麻里に訪れる旅行者が後を絶地ません。また、欧米の刺繍の権威の間でも陳さんの存在がよく知られており、「伝統技術を教えに来て欲しい」とたびたび招致されてきたそうです。

陳さんの工房は、以前は太麻里駅から徒歩圏内の住宅街にありましたが、近年山を登った先に移転。太平洋を望む見晴らしの良い工房で、パイワン刺繍に触れることができます。

工房で購入できる作品は在庫にあるもののみですが、制作期間は相談にはなりますが、オーダーにも応じてくれます。

また、前述のように陳さんによるパイワン刺繍の実践講義も行っており、過去にはオンラインで講義した経験もあるそうです。ただし、あの細やかで美しい陳さんのパイワン刺繍はやはり生で見て触れてこそ。できれば太麻里の工房で教わるほうが絶対に良いとも思います。

僕が何度か工房にお邪魔してありがたく思うことは、刺繍の話をきっかけにパイワン族のストーリーや伝記を陳さんから教えていただけること。一般観光では味わうことができない貴重な体験もできるのが陳さんの工房です。

陳媽媽工作室

台東縣太麻里鄉9-1號

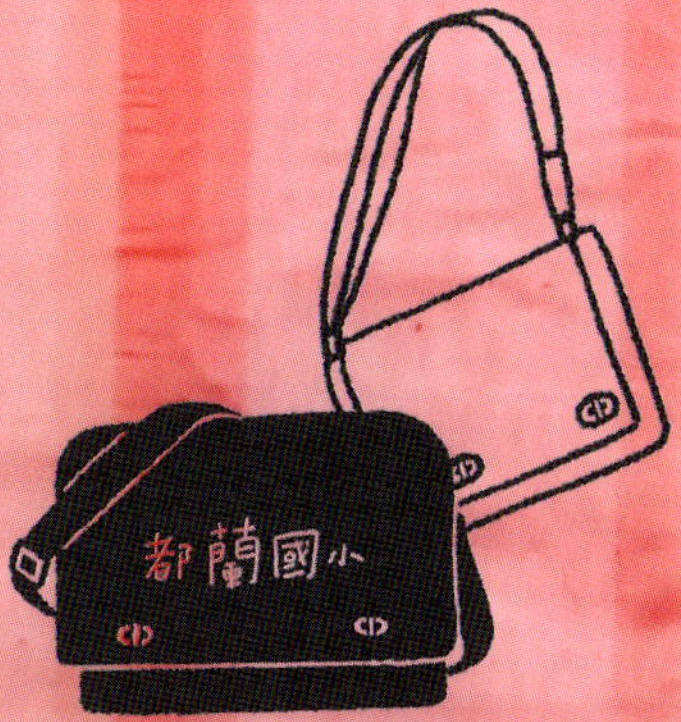

買東西その6

お買い物スポット案内

お土産屋さんでは買えないものザクザク！

市場系お買い物スポット

台北

迪化街

【読み】ディーホワジエ
【住所】台北市大同區迪化街

下手な中国語を他の日本人に聞かれたくない!?
日本人と日本人がすれ違う台北最古の問屋街

台北最古の問屋街はお宝だらけ！

台北を旅行する多くの日本人旅行者がショッピングに訪れる問屋街。清朝時代から存在する台北最古の問屋街で日本統治時代には茶葉、乾物、布などを扱う商店が集まっており、今なお古き良き台北の風情を残しながら多くの店が営業しています。

　バロック建築の商店街の多くは乾物屋さんですが、迪化街一段から民生西路を北に渡ったエリアに、複数のカゴ専門店やお馴染みの漁師バッグ店などが存在します。

　また、迪化街のランドマーク的な存在が丸ごと一棟布問屋のビル・永楽布業商場（永楽市場）。所狭しと並ぶ市場内の店の中には、お馴染みの台湾花布生地を使った手製バッグなどを販売するところが複数あり、お土産店よりもはるかに安く買うことができます。

永楽布業市場（永楽市場）は迪化街のランドマーク的ビル。主に2階が布問屋が軒を連ね、3階に布問屋と仕立て店が多くあります。2階・3階ともに手製のバッグなどを、お土産屋さんより安い価格で販売しているのでチェックしてみてください。また、1階は食品市場となっていますが、特にオススメが林《リン》合発粿店《フーバァグオティエン》というテイクアウトの油飯店。午前中に売り切れることが多いので、朝早めに迪化街に行かれる方はぜひ！

迪化街一段から、民生西路を北に上がったエリアに複数あるカゴや漁師バッグのお店。日本人旅行者が多く訪れるエリアですが、そういう場面で「俺は日本人じゃない」と演技してしまうのは僕だけでしょうか。さておき、このエリアのカゴ類の商品の充実ぶりは台湾イチだと思います。

「紙好き」の僕が迪化街に行って必ず訪れるのが民生西路沿いの「茂芳紙行」という紙屋さん。P073で紹介した包装紙もここで購入。店の方もとても親切。丁寧に梱包してくれます。

金山南路二段を境に西側が東門市場、東側（臨沂街）が東門外市場となります。僕が好きなのは東門市場から溢れ出るようにある臨沂街エリア。八百屋さんが軒を連ねる中に、安価な生活用品店があり、ここでしか買えないキッチン用品、日用品もあります。

台北

東門市場

衣食住全てをカバーする朝市場。オールド台湾スタイルの日用雑貨を前に千里眼を鍛えたい！

【読み】ドンメンスーチャン
【住所】台北市中正區信義路二段

かつての在留日本人のための市場

台北エリアで「市場」を検索すると、複数がヒットします。ただし、加工食品専門だったり、畜産品、水産品、青果品専門だったりその様相は様々。日用雑貨などのショッピングを期待して行くとガッカリすることもあります。

　そんな中、衣食住全てをカバーするのが東門市場。元々は日本統治時代に台湾在留の日本人のために開かれた市場で、主に午前中を中心に多くの人で賑わっています。多く軒を連ねる食品卸店の中に、オールド台湾スタイルの日用雑貨店があります。

　誰が見てもオシャレ！　というモノを見つけるのは難しそうですが、だからこそ面白いのが東門市場。自分だけのセンスや千里眼を鍛えることができるかもしれません。

過度なデザインがされていないブラウスなども。オシャレかどうか一見微妙なこんなブラウスを、サラッと着こなす女性がいれば超オシャレと僕は思うのですが、読者の皆さんはどうでしょう？

台北

濱江市場

完全プロユースの青果市場内の包材屋さんで色んな配色のシマシマポリ袋をゲットすべし！

【読み】ビンジァンスーチャン
【住所】台北市中山區民族東路３３６號

松山空港近くにある青果市場

台北・松山空港近くの濱江市場は青果メインの市場で一見旅行者にとって用事がなさそうですが、ここでこそ買うべきモノがあります。それが台湾でお馴染みのシマシマポリ袋です。

台北市内の日用雑貨店などでは意外と見つけられないシマシマポリ袋ですが、この濱江市場内の包材店で「ピンク×白」はもちろん、様々な色、大根用などの様々なカタチのものが売られています。

市場への入場は自由ですが、ここはあくまでもプロユース。周囲に迷惑をかけないように訪れましょう。

完全プロユースの様相の濱江市場は日本人旅行者には無縁の場所に思えますが、市場内に２軒の包材店があり、ここで色、形様々なシマシマポリ袋を購入することができます。ただし、あくまでもプロユース。アレコレ触って見ていると怒られるので、目当てのモノを指し示して店の人に出してもらって買うのがベターです。

濱江市場の場外には食堂や、少ないながらも日用品店もあります。午前中に食事を兼ねて訪れてみると良いでしょう。

河濱五金商場（環河南路・五金街）

キャンプやアウトドアに流用できる食堂用品、工事現場用品、重機などをゲットできる問屋街

【読み】フービンウーチンシャンチャン
【住所】台北市萬華區環河南路一段（忠孝橋～中興橋の間）

台湾式ヘビーデューティの宝庫

個人的に最もテンションが上がるのが、台北駅から南西に位置する環河南路一段沿いの河濱五金商場（環河南路・五金街のほうが通じる）。台湾の食堂用品、工事現場などで使われる重機などのヘビーデューティな問屋街で、中にはアウトドアやキャンプに流用できそうなアイテムもザクザクあります。大きく重いモノが多いので「どうやって日本に持って帰るか問題」はありますが、台湾ならではの質実剛健なアイテムをゲットできます。

おおむね一般向けの日用雑貨店より2～3割安い一方、女性旅行者にとっては少々入りにくい店多め。しかし、ここでしかゲットできないものばかり。根性で欲しいモノを見つけてみてください。

次に河濱五金商場を訪れた際に絶対買おうと企んでいる工具バッグ（700元）と工事現場用ウォーターサーバー（1000元）。この無骨さがたまりません。

台湾らしいチープ＆レトロな帆布とテーブルクロスなどを販売する建明帆布行《ジェンミンファンブーハン》。ファンシーなクマの柄などのモノをかき分け、ゲットすべきは中華なキッチュ柄。言葉が不慣れな旅行者はオーダーに臆するかもしれませんが、店員さんはとても親切。欲しい幅を言えば綺麗に切って売ってくれます。

新北

鶯歌陶瓷老街

台北から電車で40分。200年の歴史を持つ
台湾屈指の陶器街で掘り出しモノ探しの半日散策を！

【読み】イングータオツーラオジェ
【住所】新北市鶯歌區尖山埔路

無数の陶器店で掘り出しモノを！

新北エリアの南西にある鶯歌陶瓷老街は台湾屈指の陶器街。200年の歴史を持つ陶器街で、エリア内には無数の陶器店があり、茶器、食器、レンゲ、はたまた竹製や木製の食器までが多く販売されています。

各店とも安価なモノから本格仕様まででラインナップは実に様々。でも、よほどのこだわりがあるわけではない場合は安価でかわいい掘り出しモノを優先して探すのが良いでしょう。多くの店先で安価な商品が販売されており、これらを見て回るだけでも楽しいです。

また、陶器店の中には陶芸体験ができるところも。こういった体験は旅のアクセントとなり、一生の思い出になると思います。

鶯歌陶瓷老街では多くの店で安価な陶器を店先で販売しています。「アレもコレも」と欲しくなりますが、陶器は総じて重く、帰りの飛行機の重量制限が気になるものです。どうしても欲しいモノは郵送で日本に送る方法もあります。詳しくはP155をご参照ください。

台中

第二市場

台湾第二の都市・台中最古の市場。「かわいい台湾」をそのまま表すアイテムがチラホラ！

【読み】ディーアースーチャン
【住所】台中市中區三民路二段87號

台北最古の問屋街はお宝ザクザク！

2017年に高雄を抜き「台湾第二の都市」となった台中。それでも古き良き街並みは健在で、その象徴的な市場が第二市場。畜産、水産、青果などの卸の他、食堂や屋台が集中する市場でもあり、台中を代表する観光スポットでもあります。

第二市場には少ないながらも衣類、雑貨、玩具などを扱う店もあります。他の都市部では見かけない何十年も前に製造されたデッドストックもチラホラあったりして、古き良き台湾の雰囲気を感じられます。

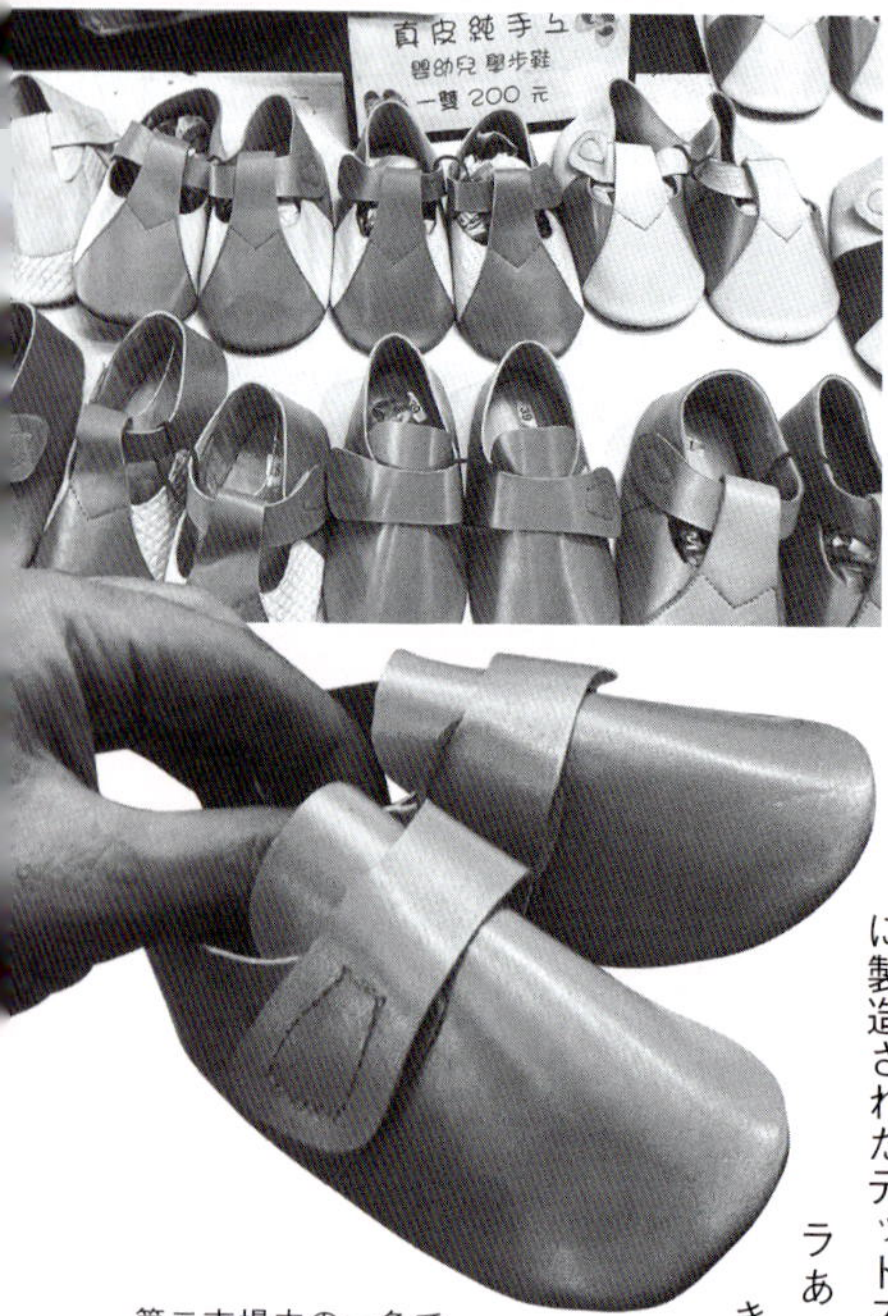

第二市場内の一角で売られていたデッドストックとおぼしき子ども用の靴。本革にして、この無駄のないデザインは、まさに「かわいい台湾」そのもの！

かつて存在した第一市場が火災によって消滅し、第二市場が台中最古の市場となりました。市場内には行列ができるグルメの名店が複数あるので買い物と合わせて食事も楽しむのがオススメ。

高雄

三民市場

【読み】サンミンスーチャン
【住所】高雄市三民區三民街

高雄で「雑貨とグルメ」両方を楽しむならここ。午前がメインの市場だが、夜まで開く店もあり！

高雄人の元気と人情を象徴する市場

台湾南部最大の都市・高雄。古き良き台湾の空気が漂い、そして高雄に暮らす人たちもまた人情味に溢れ、遊びも仕事もハイテンション。これが正しければ、このイメージをそのまま表すのが三民市場です。

三民市場は高雄の中心部の南西にある商店が集まるエリアの総称で、早朝から午後イチくらいまでがメイン。食品卸店、食堂、惣菜店と一緒に衣料品店、日用品店などが無数にあります。中には夜間まで店を開けるところもあり、夜市的な楽しみ方もできます。

高雄ならではの雰囲気を楽しみながらの買い物もまた忘れられない思い出になることでしょう。

三民市場には屋台式の日用品店も多くあります。台湾北部には流通していないモノ、デッドストックなどもよく見かけるので、台北とはまた違う楽しい買い物ができるかも？　ただし、中には「MADE IN CHINA」もあるので気になる方は購入前の念入りなチェックを。

三民市場エリアはバイクが前後からブンブンやってくるので要注意。右の某実写ヒーロー風のモノはある惣菜屋台で子ども用のドリンクとセットで売られていたもの。台湾のオモチャは偽物でも憎めないユルさがあります。

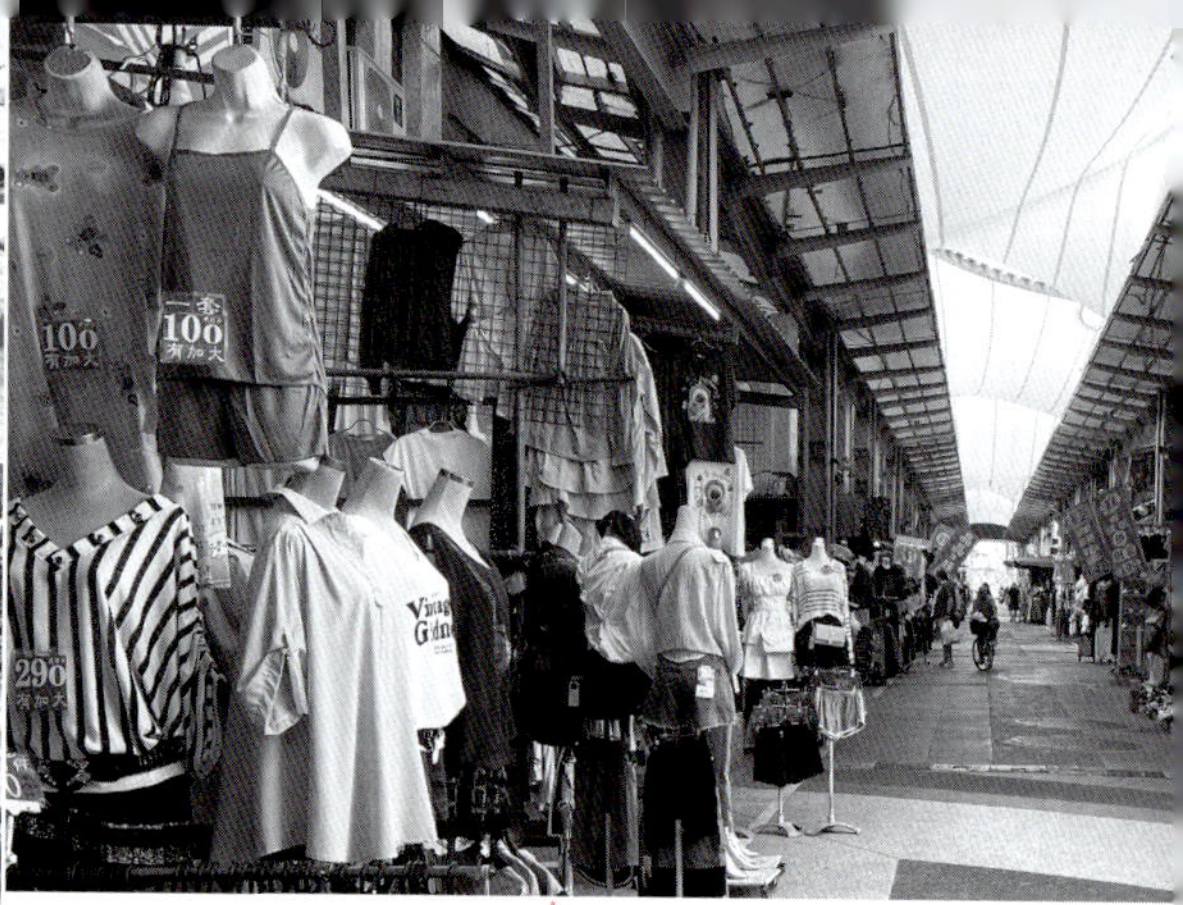

南華商圏の様子。アーケードなので雨風を気にせずのんびりと激安の衣服のショッピングを楽しめます。なお、P050で紹介した萬箱之王はこのアーケード近くの球庭路にあります。旅の途中でスーツケースが壊れたり、グレードの高いカバンが欲しい際には萬箱之王に行ってみると良いでしょう。

高雄

南華商圏

台湾南部屈指の衣料品市場。日本の昭和的な雰囲気のアーケードで楽しむ服飾ショッピング！

【読み】ナンホワシャンチェン
【住所】高雄市新興區南華路38號

チープな衣類を求めるならココ！

高雄南部屈指の衣料品市場として知られる南華商圏。日本の昭和の風景にも似たアーケード階に衣服、水着、靴、カバンなどの店が軒を連ねています。

台北の衣料品市場・五分埔では、韓国製のオシャレな衣類をたくさん売っていますが、南華商圏は台湾製の庶民的な衣類が多く、正直普段使いで着るモノは少ないかもしれません。しかし、旅の途中、天候を読み間違えたり、急に水着が必要になった場合はここに来れば安価で要件を満たすものをゲットできることでしょう。

また、僕的な南華商圏でのオススメは子ども服。子ども服店をよく見て回れば、チープで丈夫でかわいい台湾の子ども服が見つかるはず。

南華商圏の店頭の様子。パンツは100元、ブラウスは190元とかなり格安です。確かにチープですが、よく探せば普段使いできるモノも見つかるはず！

高雄

堀江商場

かつては高雄随一の繁華街だった舶来品商店街。オールド台湾の空気が漂う激シブエリアの散策を

【読み】クージャンシャンチャン
【住所】高雄市鹽埕區五福四路

日本の古着などを扱う店も!

かつて高雄の中心地だった塩埕《イエンチェン》エリアにある商店街。主に輸入衣類、輸入タバコ、化粧品などの台湾セレブ向けの店が軒を連ねますが、シャッターが下りたままの店も少なくなく衰退感は否めません。

旅行者にとって「これ欲しい」と思えるモノは正直そう多くなさそうですが、散策としての来訪は楽しいと思います。

商店街には日本の着物の古着店なども複数あります。こういった店の人と話をしてみるのもまた貴重な体験になると思います。

上の写真は堀江商場内にある日本の着物などの古着を販売する店。日本人旅行者が急に高雄で日本の着物を欲しくなることはまずなさそうですが、店の人と話をしてみると面白い交流ができるかもしれません。下の写真は堀江商場の様子。どこか東京のアメ横のような雰囲気で、オールド高雄の雰囲気を感じられます。

この人誰!?

台湾で最も有名な水道職人 陳財佑さん

高雄や屏東の街角でよく見かける学生の肖像的な絵と頼もしい水道職人の写真が描かれたトラック。これは台湾で最も有名な水道職人・陳財佑さんの会社の車で、絵のほうは学生時代、写真のほうは現役時代のご本人。

そもそも台湾では、きぬた歯科、あるいはアパホテル的な「俺広告」は珍しくないですが、陳財佑さんは長きにわたって露出し続けたことで台湾で最も有名な水道職人として知られました。

SNSが浸透した今ではハロウィーンの仮装モチーフなどのパロディの対象にもなっている陳財佑さん。このトラックを高雄で見かけたら幸運が訪れるかもしれません。

高雄

軍校路（軍校路～西陵街）

台湾偏愛ファン垂涎！　高雄にある中華民国軍学校エリアに点在する台湾アーミー用品店

【読み】ジュンシャオルー
【住所】高雄市左營區軍校路～西陵街

本物の中華民国軍用品が買える！

台湾（中華民国）では18歳以上の男子に徴兵規則が義務付けられています。こういった面での国際的・政治的背景はここでは言及しませんが、他方で台湾偏愛人にとってシビれるのが中華民国国軍グッズ。高雄・左営には海軍兵学校があり、施設の前が「軍校路」という幹線道路になっています。

この通り沿いに軍用品店が点在し軍学校指定の装備品、軍服などが販売されています。もちろん、旅行者でも購入が可能です。

また、軍校路から少し入った西陵街《シーリンジェ》というエリアは軍用品専門店がさらに集中するエリア。日本で流通するミリタリーグッズは欧米モノが中心ですが、台湾偏愛ファンとしてはやはり中華民国軍グッズを入手したいもの。ぜひ軍校路界隈を散策してみてください。

中華民国海軍の巨大リュック（写真上）。こういった装備品のほか、軍服やフィギュアなども軍校路および西陵街の軍用品店で入手することができます。

幹線道路・軍校路の軍用品店が点在していますが、軍校路から少し入った小さな道・西陵街にも軍用品店が集中。店によって価格やラインナップが微妙に異なるので、見比べての購入がベターです。

＼台湾のレア雑貨ザクザク。激安中古品を掘ろう！／

蚤の市系お買い物スポット

新北
重新橋
観光市集

【読み】チョンシンチャオクァングアンスージー
【住所】新北市三重區疏洪十六路1號

短期滞在の旅行者でも訪れやすい蚤の市

台北駅周辺からタクシーで十数分。月曜日以外の毎日の午前中開催、短期滞在でも気軽に訪れやすい蚤の市です。中古の日用雑貨から、倒産企業のストックなどが破格値で買えます。

僕のオススメは食堂エリアと反対側の端にある小物家電エリア。USBで繋ぐ点滅ライトなど台湾らしいアイテムが盛りだくさんです。

月曜日以外、毎日やっていますが、出店数が多いのはやはり土日。台北での滞在が土日に絡む場合は、早起きして行ってみましょう。お宝に出会えるはずです。

新北
福和橋
跳蚤市場

【読み】フーフーチャオティアオザオシーチャン
【住所】新北市永和區成功路一段

アクセス難でも大人気！土日限定のザ・蚤の市

土日の午前中限定で開催される福和橋はかなり複雑に入り組む橋を抜けたところにあるため、アクセスが非常に難しいです（僕はいまだ一発で辿り着けたことがない）。そのため、MRTの公館駅付近からタクシーでの来訪が良いでしょう。

ブースは食品と雑貨に分かれています。出店者によって商品展開が多彩で骨董的価値のあるモノからチープ雑貨、実用雑貨までが無造作に販売されています。

重新橋よりもやや泥棒市的な雰囲気ですが、掘ればきっと特別なモノが見つかるはず。

昔、中国の土産店でよく見かけた虎の家族の置物を福和橋で発見。こんなレトロアイテムがゴロゴロあります。

福和橋の入り口までのアクセスは非常に難しいので、地元をよく知るタクシーで案内してもらうのがベターです。

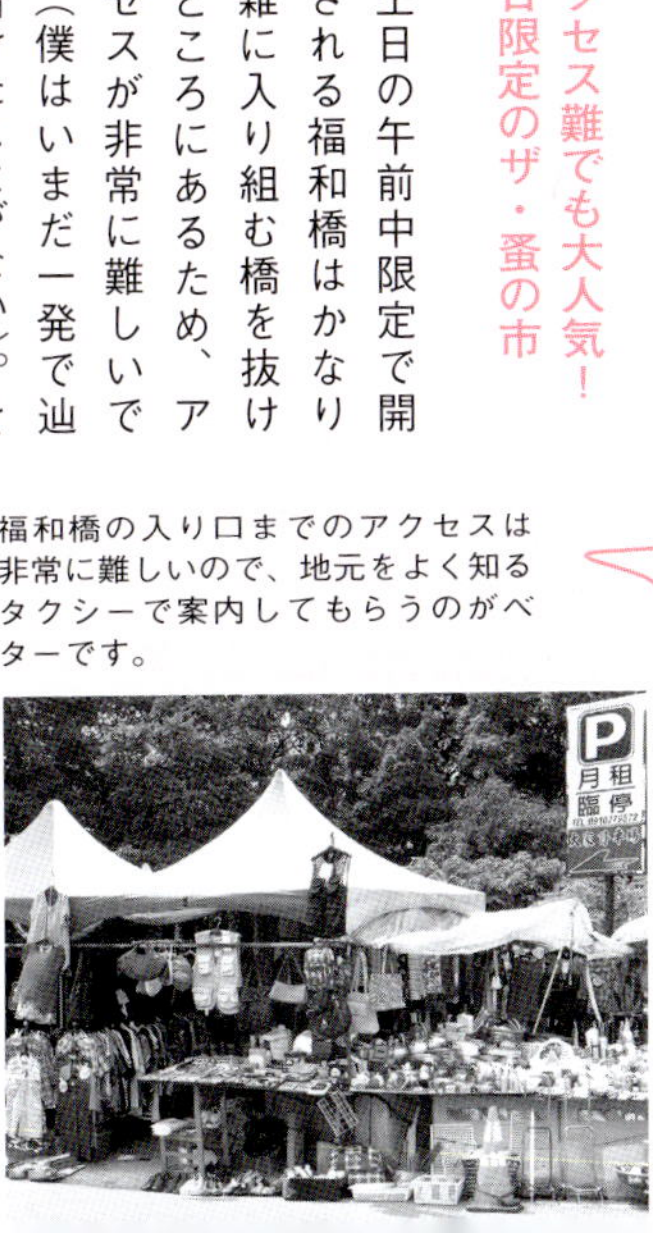

台中

台中市建國跳蚤市場

【読み】タイチョンシージェングオティアオザオシーチャン
【住所】台中市東區自由一街557號

中古品の山の中からお宝を見つける楽しさ

台中駅から約1キロほどの徒歩圏内にあり、月曜日以外の午前中開催の蚤の市。地べたにズラッと中古品が並んでいるため、多くの人が下を向いて歩いています。

台湾の企業や団体のノベルティグラス、茶碗などが10元〜と激安で販売されており、「非売品の台湾の雑貨」が欲しい人にはうってつけです。

閉店時間が近づく12時頃は店が続々と閉まりますが、この時間帯になると値切りに応じてくれる出店者もいます。

地べたにズラッと並べられた台湾の古雑貨を見て回り、古き良き台湾の日常を思い浮かべるだけでも楽しいです。台湾中部滞在の際はぜひ行ってみてください。

台中

太原路跳蚤市場

【読み】タイユエンルーティアオザオシーチャン
【住所】台中市北屯區太原路三段東光路

地元のプロたち御用達業務用品豊富な蚤の市

台中駅から在来線で2つ目の駅・太原駅下車すぐの蚤の市。ほぼ毎日の早朝から14時まで開催されていますが、平日は閑散としており、出店数はかなり少なめ。訪れる場合は土日を狙って行くほうが良い買い物ができると思います。

日本人の台湾ファンの間でも認知度が高い蚤の市ですが、近年は何故か生活雑貨や古着などを出す店が減り、調理用器具、工具類などが増え、プロユース専門の様相に。しかし、一般旅行者にとって興味深いモノは多くあり、台湾の日常風景を飾る「中古の看板」などが販売されることも。

ややハードル高めの蚤の市ではありますが、一店ごとに念入りに商品を見て回れば「ここで買わなければ二度と出会えないモノ」も見つかるはず。

大きくL字形の会場スペースにプロユースの中古品がズラッと並んでいます。各店を細かく見て回りましょう。

台南

帕里啪里
跳蚤市場

【読み】パーリーパーリーティアオザオシーチャン
【住所】台南市北區育賢街270號

骨董品の中にも安価なお宝がある！

台南には複数の蚤の市が存在しますが、運営状況が不安定で、グーグルマップを頼りに訪れても開催していないこともあります。そんな中、土日の朝から夕方までの限定開催でありながらも安定して開催されているのが帕里啪里という蚤の市（グーグルマップでは『徐先生二手貨収購』と出てきます）。

一般的な評価を持つ骨董品を販売する店が多いですが、それだけに一般的な日用雑貨に対する評価を低く見積もる店もあり破格値でレア雑貨を買えることも。こちらもまた「売られていない台湾の雑貨」が豊富なので、台湾偏愛人にとって垂涎の蚤の市と言えそうです。

会場は完全室内。各店とも綺麗に区画されており、見やすく衛生的な蚤の市です。多くの品に交じって媽祖様の冠といった台湾偏愛人垂涎のアイテムを買えることもあります。

高雄

凱旋
跳蚤市場

【読み】カイシュエンティアオザオスーチャン
【住所】高雄市前鎮區凱旋四路758號

なんでもかんでもある！高雄屈指の蚤の市

高雄最大の蚤の市・凱旋。土日の早朝から夕方までの開催で夜間はそのまま夜市になる広大な市場です。日用雑貨の中古品を売る店、古着を売る店などが所狭しと出店しており、じっくり見て回るのであれば最低でも2時間は必要です。

また、早朝からの開催とはいえ出店が揃うのはおおむね10時以降。早起きして行っても肝心の出店が少ない……なんてこともあるので要注意です。

狙い目は台湾の倒産企業のモノとおぼしき商品のデッドストック。破格値なのでバラマキ土産にも最適です。

高雄MRT・凱旋《カイシュエン》瑞田《ルイティエン》駅からすぐ。広大な市場の中、そして外側にも中古品がドッサリ。下はたまたま見つけた倒産企業のモノとおぼしき、陶器でできたウサギの人形。

高雄

内惟 跳蚤市場

【読み】ネイウェイティアオザオシーチャン
【住所】高雄市鼓山區九如四路１４８８號

入りにくいものの台湾レア雑貨満載の市場

在来線・高雄駅から3つ目の駅・美術館駅より約1キロの場所で開催される内惟。体育館のような会場の中で各店とも競うように中古の台湾雑貨を販売しています。

骨董的価値のあるモノは総じて高めですが、日用雑貨の中古品は「3個で10元」など超破格値で販売されていることも。各店を掘っていくとお宝に出会える可能性大です。

土日の早朝から14時頃までの開催ですが、終了間際には時間より早めに多くの店が閉めますので、時間に余裕を持って行ってみてください。

僕のオススメは正面から会場に入って進み、左側の出口真横にある中古品店。古き良き台湾のオモチャなどが安く販売されており、店員さんも超親切です。

高雄

大寮88 跳蚤市場

【読み】ダーリャオパーパーティアオザオシーチャン
【住所】高雄市大寮區力行路88－1號

天井を見落とすな！台湾雑貨&古着に要注目

高雄中心部から東南に約15キロほど進んだエリア・大寮区にある大寮88。

土日の朝から夕方まで開かれる蚤の市で、夜は夜市になります。メイン会場には複数の中古品雑貨店、別棟のコンテナには古着店があり、いずれもレアな台湾の雑貨を安く購入できます。天井からも商品がぶら下がっている店も多いので、足元だけでなく天井も見落とさないようにしましょう。

アクセスが少し難しいので高雄市内、あるいは最寄りのMRT・大寮駅からのタクシーでのアクセスが賢明です。

一部プレミアム価格で中古品を販売する店もありますが、大半は台湾の日用雑貨の中古品を安価で販売しています。天井からぶら下がった　商品も見落とさずに欲しいモノをゲットしましょう。

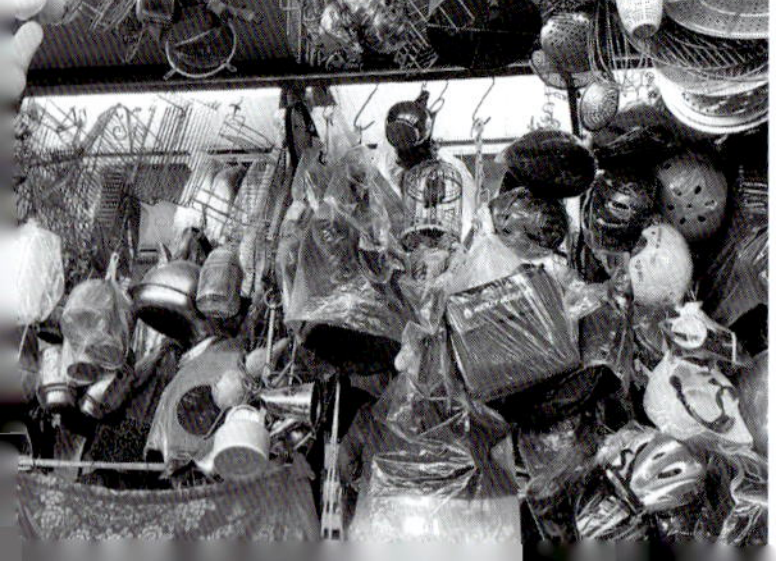

／伝統的な意匠に触れられる各地の貴重な工房／

原住民系お買い物スポット&工房

苗栗

泰安英雄工作室

【読み】タイアンインションコンツォシー
【住所】苗栗縣泰安郷錦水村9鄰38號

タイヤル族の伝統を小物に反映！

コアな台湾ファンの間で静かに人気が高まる台湾原住民アイテムたち。特に苗栗県の泰安温泉近くにある泰安英雄工作室はタイヤル族の民族服、繊細な織物を使った小物などが充実している工房。アクセスはかなり難しいですが、泰安温泉の入浴とセットで行ってみてください。

タイヤル族の祖霊の聖地もあるという苗栗県の静かな集落にあります。美しい織物を採用した財布やハンコ入れなどは一生使い続けたい貴重なアイテムです。

屏東

蜻蜓雅築珠芸工作室

【読み】チンティンヤージュウジュウイーコンツォシー
【住所】屏東縣三地門郷三地村中正路二段9號

トンボ玉アクセを作ってみよう！

台湾南部・屏東の中心部からバスで約40分ほどでアクセスできる三地門。パイワン族の集落があり、原住民文化館もあることから多くの旅行者が訪れるエリアです。

その中心部の蜻蜓雅築珠芸工作室ではガラスを使ったパイワン族の伝統的アクセサリー・トンボ玉制作の体験ができます。

アイテム購入だけでも訪れるべきですが、せっかくなので自分でトンボ玉を作り、アクセサリーにして記念に持ち帰ってみてはいかがでしょうか。

トンボ玉作り体験は200元～(1時間)。親切なパイワン族の先生に教わりながら自分だけのトンボ玉を作り、アクセサリーにしてみると良いでしょう。

台東

阿布斯

布農工作室

【読み】アーブースーブヌンコンツォシー
【住所】台東縣東県延平郷昇平路160ー1號

ブヌン族の伝統織物に触れられる名工房

台東の山岳部・延平郷の集落にあるブヌン族の伝統的な意匠を継承し続ける工房。古くから伝わる技術によって編まれるむし織や繊細な刺繍をあしらったアイテムは一見の価値あり。

さらに、これらを使ったバッグ、ストール、キーホルダーなどのアイテムは鮮やかな色合いの中に奥ゆかしさがあり、ブヌン族の息遣いを優しく感じられることでしょう。

最寄りの鹿野《ルーイエ》駅からはタクシーで10分ほど。台東界隈の散策と合わせてぜひ一度訪れてみてください。

古くからブヌン族に伝わるむし織の機織り機（写真上）と、貴重な素材を使ったキーホルダー（写真下）。ブヌン族の優しい息遣いを感じられる工房です。

花蓮

岳鴻

工作坊

【読み】ユエホンコンツォファン
【住所】花蓮市秀林郷秀林村民享路40號

ストイックにも映るタロコ族の織物に感動！

台湾に存在する政府認定の16の原住民族のうち、最もストイックな印象の意匠で、それが故に奥ゆかしくも感じるタロコ族。岳鴻工作坊は太魯閣族住民が多く暮らす秀林郷《シウリンシアン》の集落にあります。

僕がタロコ族の友人の家に遊びに行った際、近所を散策していて見つけた工房ですが、訪ねると、複数のスタッフの皆さん日本語が堪能。

この日はタロコ族のお祭りの前日だったため、準備で忙しそうでしたが、工房のあちこちにタロコ族の織物を使った素敵なアイテムがたくさんありました。

伝統的なタロコ族の衣装はもちろん、ハンドバッグ、ロールペンケース、スマホケースなど。いずれも繊細な織物によるもの。これらもまた派手すぎないところが美しく、長く使い続けられそうなモノばかりでした。

タロコ族の伝統的な織物を使ったバッグ（写真上）。工房の女性が日本語で「かわいいでしょ！」と見せてくれた太魯閣族の女の子向けの衣装（写真右）。

買東西その7

偏愛アイテムを追いかけて

アメリカやフランスの熱心なファンの中には各国の交通標識、ガードレールなどもオシャレに感じ、これらを集めたりする人も少なくありません。あるいは、熱心な日本ファンの外国人の中には、スーパーのオオゼキの袋、ブルーシート、ゴミ収集車などを愛おしく感じる人もいるかもしれません。これと同様に、台湾偏愛人の僕は、台湾にあるモノ全てがオシャレで愛おしく、できることなら全て持ち帰りたいほどです。そんな思いをいつからか抱くようになり、止まらなくなってしまった台湾偏愛アイテムの買い物の数々を本章で紹介します。一般には買えないモノ、買いにくいモノも多くありますが、それぞれできる限り入手術にも触れました。どれだけ共感を得られるかはわかりませんが、僕にとってはいずれも大事な宝物。それではいってみましょう。

食堂テーブル＆勉強テーブル

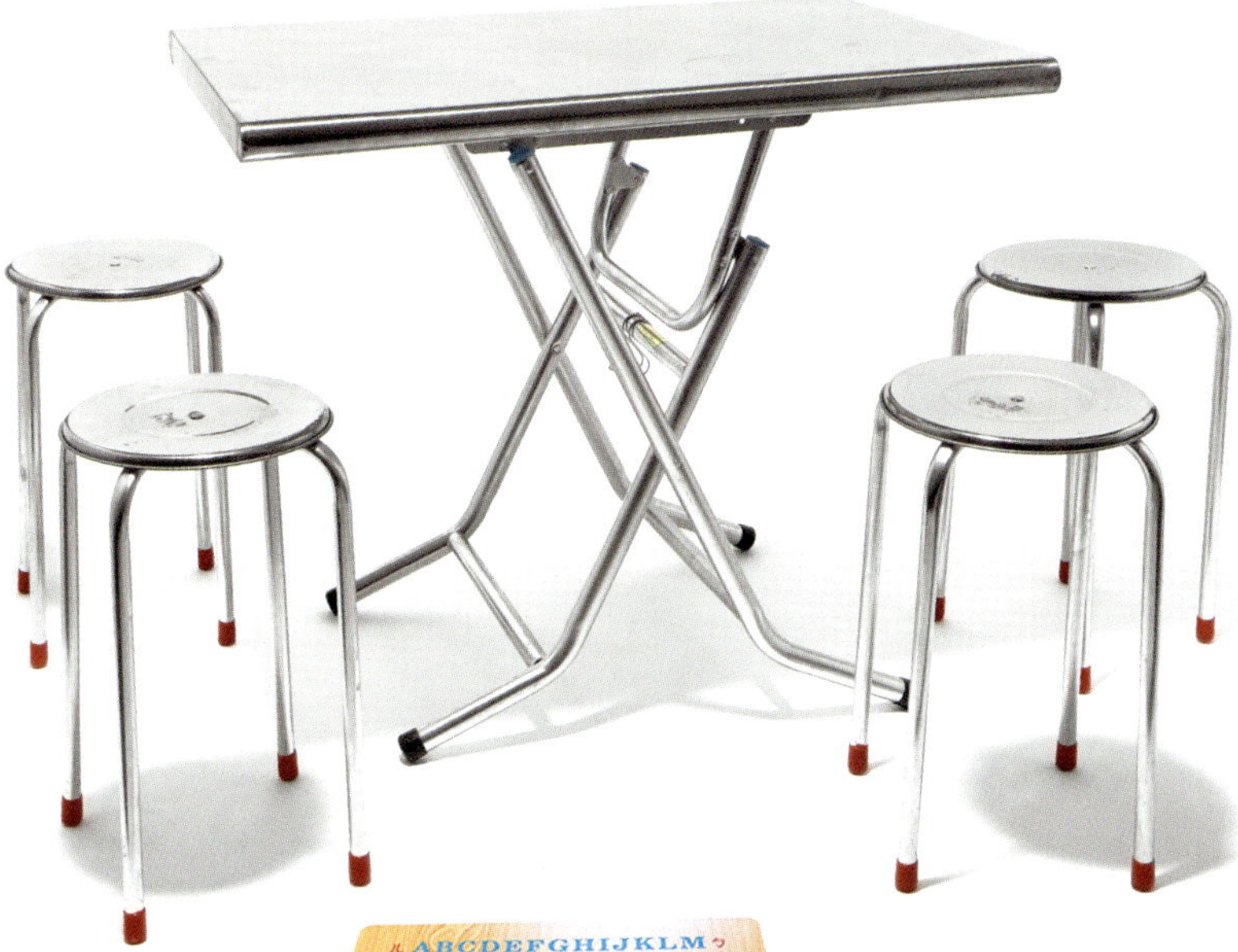

台湾の日常アイテムたち

食堂テーブルのフルセット。街中の日用品店でも買えますが、できれば台北の河濱五金商場（P102）で買うのがベター。市場より2～3割安く買えます。

子ども用勉強テーブル。現行品ではイラストに2つの仕様があり、ユルかわのほうがこちらです。

食堂テーブルにP018で紹介したテーブルクロスをかけたところ。テンションが上がりましたが、しかし、どこか「台湾レトロ推しの飲食店」のようでもあり、もう少しユルくしないと、台湾の日常風景には近づかないことにも気づきました。

「お家台湾化」の第一歩が食堂の折りたたみ式テーブルと椅子です。フルセットで2000元弱でしたが、郵便局からの送料で2500元。少々複雑な気持ちにもなりましたが、それでも自宅にフルセットが届いた際には感激し、これまでキャンプ、台湾フェス出店などで大活躍。十分元は取ったと思っています。

一方、食堂の折りたたみ式テーブルと全く同じ構造の、ユルかわな絵が描かれた子ども用の勉強テーブルは450元ほど。これは天板と脚が木ねじでついているだけなので、小北百貨でドライバーを買ってすぐにバラし、スーツケースに入れて持ち帰ってきました。これもまた日本にいながらにして台湾気分を盛り上げてくれる逸品です。

孔雀燈(檳榔燈)

台湾の街中を彩る扇形の点滅ランプ、孔雀燈《コンチュエドン》。別名、檳榔燈《ビンランドン》とも呼ばれるモノで、檳榔屋さんを示す電工看板です。この看板が欲しくなり、台湾人の友人づてにアレコレ調べてもらったところ、基本的には電気屋さん、看板屋さんのオーダー方式。しかもおおむね15000元～が標準で、なかなかハードルが高い一品でもありました。

それでも諦めきれずに、ついに2024年にオーダー。全体重量は10キロほどと意外と軽く、ランプバーもバラせるので、スーツケースに入れて持ち帰ってきました。

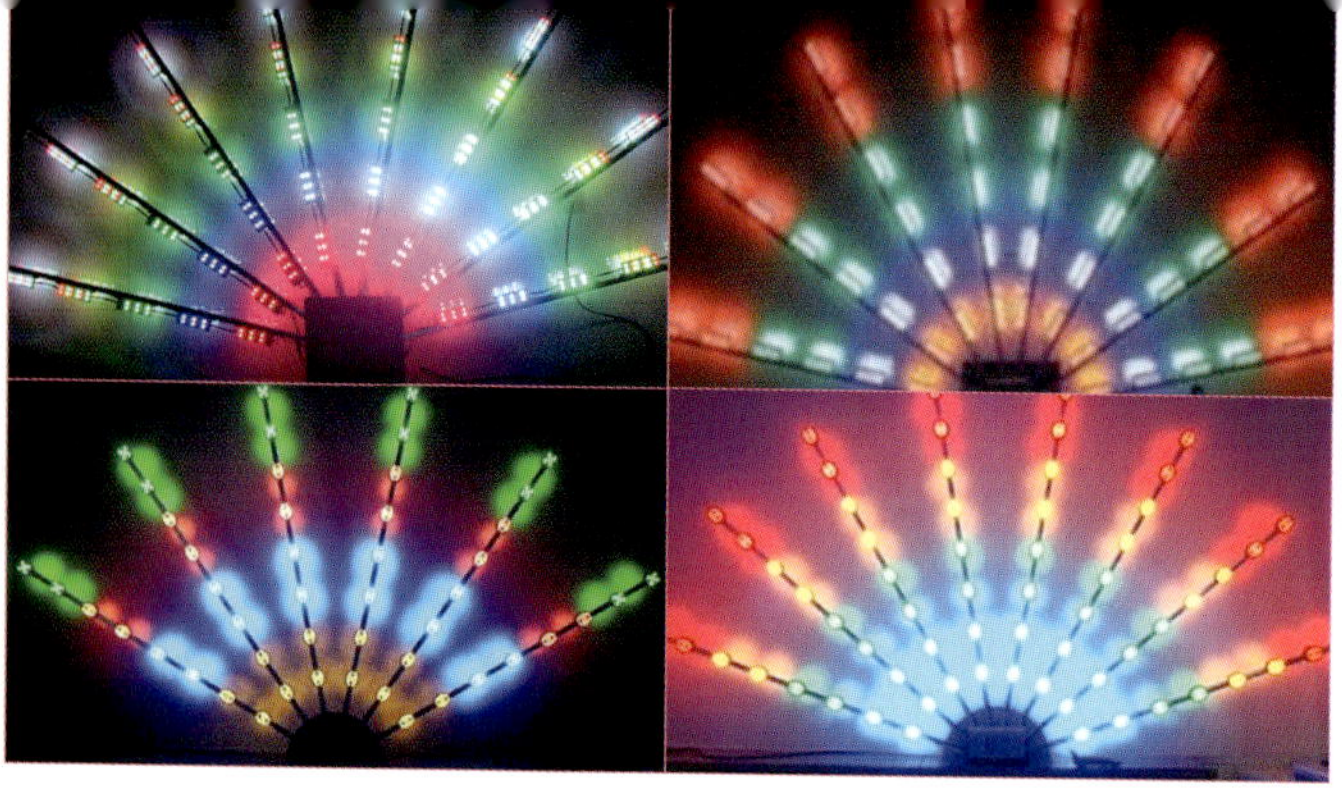

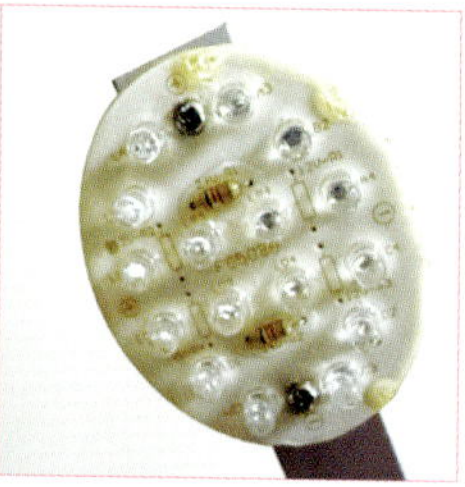

かなり少ないものの「孔雀燈マニア」が台湾に一定数いてFacebookでは孔雀燈ファンのコミュニティや中古売買のグループなども存在します。確かによく見ると孔雀燈にも様々なタイプがあります。

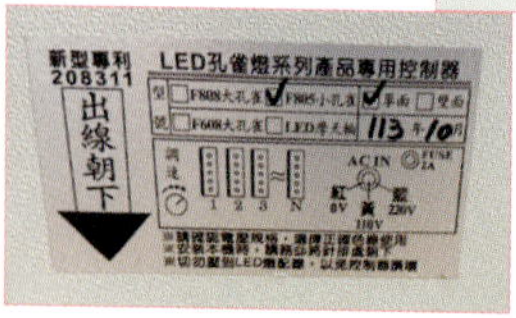

僕がオーダーした孔雀燈は、最も古典的な楕円の縦型ランプがついたモノ。220V、110Vの配線が出ていて、日本の家庭電源用にコンセントをつけて点灯させるようにしました。どうしても欲しい人は「15万円～（オーダー代金・送料・1年保証・関税込み）」で、僕の店・松将五金行《ソンチャンウージンハン》（P148）で代行オーダーしますのでご連絡を！

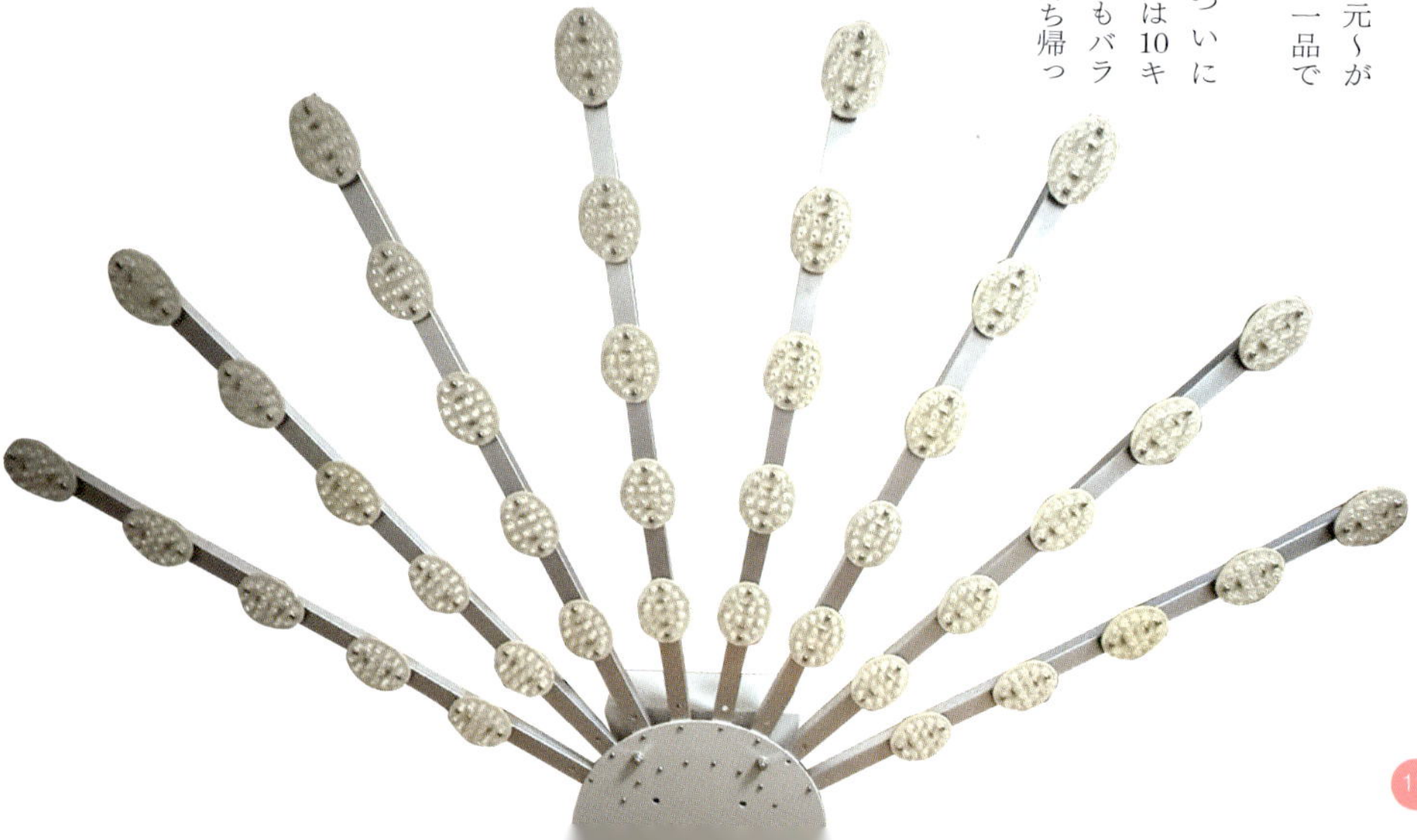

台湾の学生アイテムたち
学生カバン&学生運動服

台湾の学生カバンはおおむねカーキ色の帆布バッグ。この上なくシンプルで頑丈な逸品です。太い楷書体で学校名がデーンとプリントされているのもカッコ良くて僕も複数の学校のモノを持っています。

また、学生運動服は、学校同士競い合うかのように派手派手。シビれるデザインのモノを見つけては一時期メチャクチャ買いまくっていました。

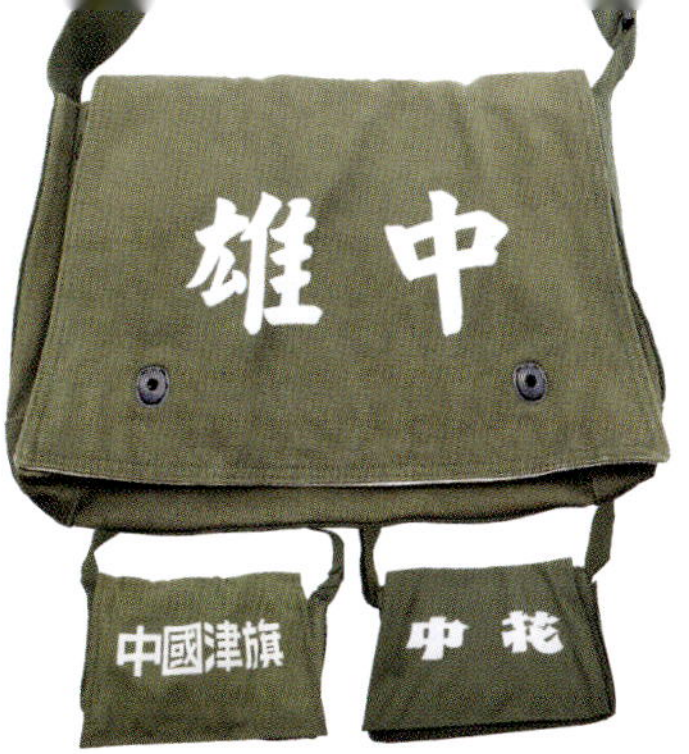

複数の学校の学生カバン。やはり綿100%の昔ながらの帆布っぽいモノが、使い込むたびに馴染んで一番愛着が湧きます。

学生運動服の独特のデザイン感覚にシビれるばかりです。ただ、そう安いわけではなく、Tシャツタイプでも350元〜。

高雄の七賢國小の指定運動服（写真上・右）。ストライプに繁体字というのがシビれますが、最大のサイズでも大人の女性のMくらいまで。一方、小学校の運動服でも大人が着られるサイズがある場合もあります。台北の仁愛國小の指定運動服（写真下）などがそうです。

学校指定アイテムの購入術

台湾の学校指定のアイテムは繁華街の一角にある「学生服専門店」などで購入が可能です（写真右）。

また、一部学校では外部での販売ではなく、校内の購買などのみで販売されるケースもあります。こういった場合は、学校に事情を説明すれば売ってくれることもあります。ちなみに、どうしても欲しかった嘉義國中の学生カバンは交渉して校内に入れてもらい購入。最後は先生と学生たちで記念撮影をして帰ってきました（写真右）。

学生服

夏場の台湾の男子学生服は上はシャツ一枚が多いですが、いずれもシンプルで実はカッコ良いです。アロハシャツやキューバシャツのボディにしてもいいほどのシンプルなデザインに、サラッと入る繁体字の学校名やロゴ。これがシブい！

……という話をしても共感してくれるのは友人の男性スタイリストだけですが、そんな理由から、特に地方部に行くごとに現地の学生服もこれまでたびたび買い集めてきました。

男子学生服の基本はカッターシャツ、開襟シャツに学校名やロゴの刺繍が入るモノ。中学以上であればサイズは大人向けのモノまであります。また、学生服専門店では刺繍サービスを行うところも多く、追加料金で名前も入れてくれます（上の写真）。なお、女子学生服もこれまたシンプル。襟と袖がチェック柄になっている学校のモノ（写真右下）は、若い子にこそ着こなして欲しいと勝手に思っています。

幼稚園にして太い楷書の繁体字が逆かわ！

ヨチヨチ歩きの明るい笑顔の女の子、活発だけど友達思いの優しい男の子、みんな仲良くバスに乗り、今日も楽しい幼稚園へと向かいます。

……こんな場面で、アメリカや日本ではミッキーマウスだのしまじろうだののキャラクターを様々なアイテムにあしらったりするものですが、台湾ではこういった装飾はやや控えめ。

それを象徴するアイテムが左上の幼稚園児用エプロンです。太い楷書＆繁体字のみがプリントされたシンプルなアイテムで、楷書萌えの僕にとっては「逆にかわいい」一品です。

しかし、このエプロンを見ていて僕はあることに気づきました。それは楷書が「目」で、ポケットが「口」になっていること。まやかしの子ども向けキャラクターはなくとも、慎ましく子どもたちの笑顔を願う幼稚園のエプロンなのでした。この感じもまた台湾的のように思いました。

台湾の標準学生服の短パンは実はハイスタ風

台湾の男子学生の夏の標準制服は短パンなことが多いです。この短パン、風通しが良くなるようにとワタリが太くて実はオシャレ。

かつてハイスタンダードなどのメロコアバンドの多くがはいていたダボダボの短パンにもよく似ています。そんなことから僕はライブにも台湾の学生用短パンをはいて観に行きます。

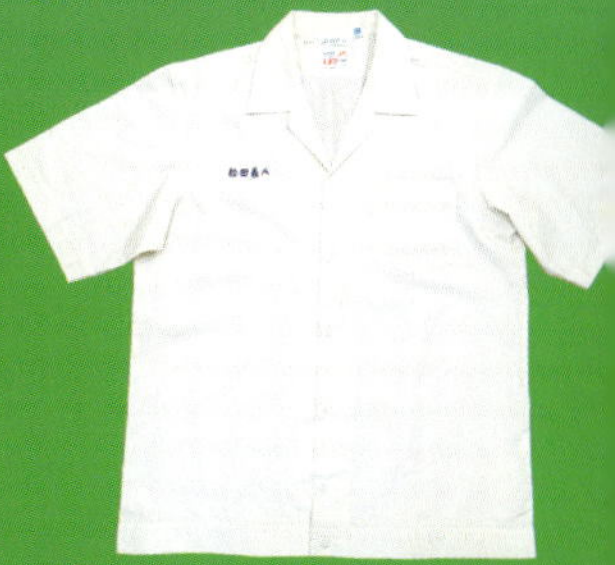

古い台湾のアイテムたち

缶ケース

欧米の古い缶などを集めるコレクターがいますが、僕は欧米のモノには見向きもせず台湾の缶を集めています。

繁体字とアルファベットがデザインされた古き良きビジュアル。これがプリントされたボロボロの缶を見つめ、その時代の台湾の暑い日を想像したりして、勝手に切ない思いに浸ることもあります。

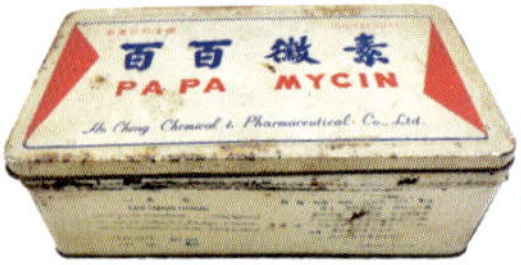

蚤の市などでたまに見つける台湾製の古い缶。でも、骨董的な意味での販売が多く、総じて高額です。

アイドル鏡

台湾の古いモノを探していると、よく出てくるのが女性用の置き型の鏡。背面にはアイドルの写真が勝手に転用されていて、僕は勝手に「アイドル鏡」と呼んでいます。

鉄製の脚や枠、縁に使われているチープなプラスチックなどがなんともオールド台湾で、これもまたシビれて見つけてはつい買ってしまいます。

アイドル鏡も蚤の市でよく出てくるアイテム。骨董的な意味もあるようですが、高くても100元ほどです。

どうも気になるメチャメチャ綺麗なアイドル鏡の女性。恬妞という台湾の有名な女優さんで現在は67歳になるそうです。

90年代の台湾のバイクのアイドル泥除けブーム

台湾は世界有数のバイク王国で、独特のバイク文化があります。80年代後半にバイクの泥除けに虎や鷹があしらわれたモノが出始め、さらに後の90年代にはアイドルの写真を泥除けにあしらった「アイドル泥除け」の一大ブームが巻き起こりました。

日本人はもちろん、世界中の人たちから「オシャレ」とされるスクーター・ベスパにも、台湾ではアイドル泥除けがよ

原住民人形

台湾に古くから暮らす原住民族。各部族とも独特の文化や様式美があり、総じて美しくかわいく感じます。

こういった各部族ごとに衣装などのアイデンティティを打ち出した人形があります。これらも一度出会うと、通りすぎることがはばかれるほどのかわいいモノばかりです。

原住民人形には本物の生地や織物のハギレなどが使われていることも多く、その細やかさに感動することも。キーホルダー人形（写真右上）とこけし風人形（写真上）。

アミ族の人形（写真上）。台湾東部の蘇花公路《スーホワゴンルー》沿いにあったドライブインで見つけたデッドストック。そして、蚤の市で発見した原住民っぽい衣装をまとった飾り人形（写真右）。

寝かせると目をつぶる原住民人形（写真上）と、精巧な衣装が綺麗な原住民人形（写真下）。ちなみに新北・泰山はバービー人形の下請け工場があったことで、今もバービー人形の産業博物館があります。ここではバービー用の原住民服が販売されていますので、チェックしてみると良さそうです。

く採用されていました。この台湾独特の様式美はイギリスのモッズに匹敵すると僕は見ていますが、近年の台湾のバイクシーンではこのアイドル泥除けのリバイバルの兆しがある様子。復刻タイプのアイドル泥除けが続々と登場しています。

虎の泥除け（写真上）と、一大ブームとなったアイドル泥除け（写真左）。

台湾のノベルティ人形たち

郵便局の人形

台湾の企業・団体の多くはキャラクターを設定するのが常。そして、そのキャラクターによって事業や活動への認知や親しみを持ってもらうべく人形やフィギュアを販売したり配布することもまた実に多いのですが、その筆頭が台湾の郵便局・中華郵政のモノ。

毎年ごとにモデルが変わり、これらを全てコンプリートするマニアも。ただし流通量が多く、比較的入手しやすいのも特徴です。

男女セットになっているモノ（写真上）やおじいさんタイプ（写真左・右下）が僕のお気に入り。造形が台湾的でなんだか和みます。

台湾のキャラ人形の表情は日本のキャラ人形とは少し違う印象ですが、総じて皆穏やか。台湾人の性格の良さが表れているように思うのは僕だけでしょうか。

企業・団体の人形

台湾の企業・団体のキャラ人形は無数にあり、その多くはソフトビニール製で貯金箱を兼ねたモノが多いです。一方、プラスチック製や陶器製もあり、貯金箱ではなく、コンセントランプのような特別版もあります。

ここでやはり欲しいのは台湾オリジナル企業の人形。特に通信会社・中華電信、電鍋（P030）の大同、ガソリンスタンドチェーンの中油のモノはその筆頭です。

中華電信のキャラ人形（写真左・左下・下・右下）。柔和な表情ながら頼もしいルックスで、これまた台湾人的です。

台湾のキャラ人形の代表格・大同坊やのモノ（写真上）。キャラ人形のモデルが無数にあり、モノによっては数十万元ものプレミアム価値を持つ個体も。ただし、キャラ人形としての認知が広く、流通量も多いため、モデルにこだわらなければ比較的入手しやすいです。また、全国的には知られていない企業や団体のモノ（写真右）は比較的安く入手できます。

特定ブランドのノベルティや人形は入手困難で高額傾向

台湾人なら誰もが知っているブランドなのに、キャラ人形やノベルティグッズが少ないモノは当然プレミアム価格がつきがちです。

例えば、僕が大好きなガソリンスタンドチェーンの中油のネズミのキャラ人形やグッズは入手困難なモノが多いです。また、みんな大好きの台湾啤酒（台湾ビール）は、何故かノベルティグッズ展開が少なく、台湾では珍しくキャラ設定も近年までありませんでした（近年やっとビアガール風のキャラが登場）。そのため、仮に台湾啤酒のグッズがあった場合はこれまた高値傾向です。

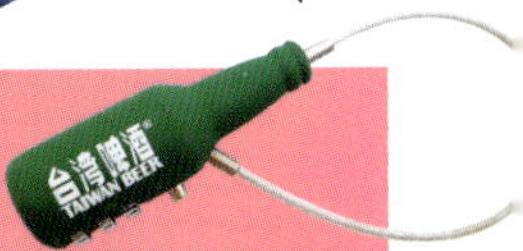

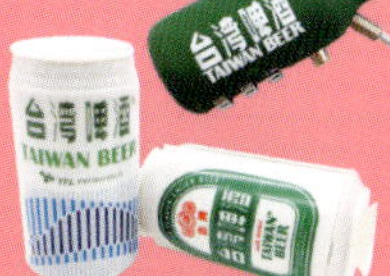

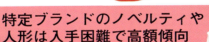

台湾のスニーカー＆革靴ブランド

La newの少年の人形

1996年に台湾のスニーカーおよび革靴ブランドとして誕生したLa new。2000年代以降、台湾のプロ野球選手がはき好成績を収めて以降、台湾で広く知られるようになりました。

その頃より、上の少年キャラクターの「動くフィギュア」を発売し、La newのスニーカーを履き台湾中を巡ることを推奨するキャンペーンを実施。この少年の人形はLa newのアイコンとして今も根強い人気があります。

日本由来のパナソニックですが、台湾パナソニックの人形（写真上）は造形がかなり台湾的。特にお姉さんのルックスはザ・台湾人の雰囲気でお気に入りです。

台湾の在来線・台湾鉄路のノスタルジックなオリジナル人形（写真下・左）は首振り構造。台湾らしさを強く感じるキャラ人形です。

台湾のセブン-イレブンのキャラ人形（写真下）。生産数が少なく入手困難のアイテムで、2体セットでは数千元することも。

上のうち、「Prince」の野球帽の王子麺（インスタントラーメン）のキャラ人形、「U」の野球帽の感冒優（風邪薬）は特にレア。生産年によってプレミアム価格が大きく変わります。

世界中に800店以上展開のHAPPY LEMONの関連グッズは数百種も!?

2006年に台湾で誕生して以来、台湾茶をベースにした美味しいドリンクばかりを提供するお店・HAPPY LEMON。

日本では東京で2店舗を展開していますが、世界では800店以上を展開しており、この規模感から、キャラクターのレモンボーイちゃんをモチーフにした関連グッズはなんと数百種もあるとか。

グッズ点数で言えば、台湾のセブン‐イレブンのOPENちゃんにも負けず劣らずに感じるレモンボーイちゃん。HAPPY LEMONの台湾茶ドリンクと合わせて、日本でもさらに親しまれるようになると良いですね。

台湾ドリンク専門店

HAPPY LEMON

京王新宿店（写真右上）
東京都新宿区西新宿1−1−4
営業時間 12:00～20:00

誠品生活日本橋店（写真右下）
東京都中央区日本橋室町3−2−1
コレド室町テラス2階
営業時間 11:00～20:00

中華民国軍・憲兵・警察の人形

台湾のキャラ人形は、企業・団体だけでなく公的機関のモノもあります。中華民国軍兵、憲兵、警察をモチーフにしたモノがそれにあたりますが、右のフィギュアのような威風堂々としたモノは珍しく、たいていは本来の任務とは真逆の親しみやすいユルキャラ仕立て。でも、この感じがまた台湾的で明るく親しみやすいモノが多いです。

これらは各機関の関係者や兵役者などに配布されるモノで、種類も豊富。一度集め出すと沼にハマるのもまた、これら公的機関の人形キャラなのでした。

限られた中華民国軍関係者にしか配布されないという激レアのフィギュア。プレミアム価格で数千元以上もする逸品です。

中華民国軍兵、憲兵などをモチーフにしたユルキャラ仕立ての人形たち。陶器製が多いです。また、花蓮にある憲兵公園《シェンビンコンユェン》には、これらの人形を拡大したかのようなモニュメント（写真下）もあります。そのかわいい表情が僕は大好きです。

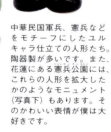

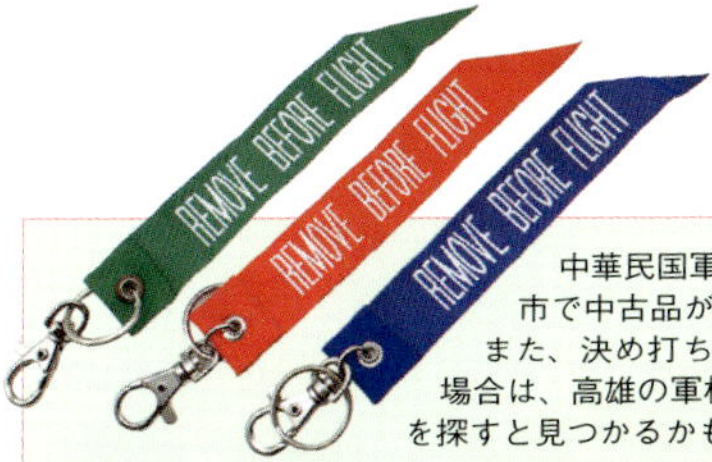

中華民国軍の指定グッズも蚤の市で中古品が結構出回っています。また、決め打ちで欲しいモノがある場合は、高雄の軍校路（P108）の各店を探すと見つかるかもしれません。

中華民国軍アイテムアレコレ

日本には一定数のミリタリーファンがいます。軍事マニア、戦闘機マニアなどのコア層のほか、ファッションのみを取り入れるライトなファンまで様々ですが、どうしても欧米のミリタリーに寄りがちで、中華民国軍に関するアイテムや情報はかなり掘り下げないと出てこないものです。

しかし台湾に行きさえすれば、中華民国軍の軍服の古着やアイテムは比較的容易に入手できます。興味がある方はぜひ探してみてください。

軍服の古着（写真上）は、使っていた人の名札が付いたまま売られているケースも少なくありません。

中華民国軍の額装された立体型の賞状（写真上）や、階級章なども蚤の市で販売されることも。もちろん、階級が高いモノのほうが高額傾向で、日本人のマニアの中にはコレクションする人もいるとか。

中華民国海軍の陶器製キャラ人形（写真右上）と、警察関係のキャラ人形（写真左上・下）。親しみやすさの中に頼もしさも感じられる雰囲気です。

政治家の人形

「腰を振るサンタクロース人形」が一時日本でも大流行しましたが、その政治家版がこちら（写真上）。「やりすぎじゃ……」と思いますが、台湾的にはどうやらアリのようです。また、馬英九さん（写真左）、李登輝さん（写真下）のキャラ人形は政治家系の中でも流通量が少なく高値傾向。見つけたら即買いをオススメします。

2016～2024年まで台北駐日経済文化代表処駐日代表として尽力された謝長廷さんのキャラ人形（写真上）。謝長廷さんモデルは複数ありますが、その一部は国立台湾歴史博物館にも所蔵されています。

台湾には政治家のキャラ人形も多く存在します。

台湾の政治家は「国民にとって親しみやすい存在であること」が絶対条件の様子で選挙期間中には積極的に台湾各地の食堂などを訪問し、店主と肩を組んで写真撮影することもよくあります。

こういった「親しみやすさ」は選挙期間中や在任中に配布されるグッズやキャラ人形にも表れており、総じて笑顔でかわいいモノばかり。これらもまた台湾偏愛人にとって、どうしても欲しいコレクターズアイテムと言っていいでしょう。

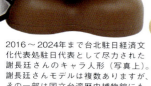

おそらく政治家の「かわいい系」人形の草分けとなった陳水扁さんのキャラ人形（写真右上）。比較的入手しやすく日本のメルカリなどでもチラホラ出品を見かけます。また、穏やかな表情がかわいい蔡英文さんのキャラ人形（写真左）。見ていると穏やかな気持ちになります。

どうしても気になる政治ノベルティ

台湾人の政治観は複雑かつ繊細です。過去、台湾人の友人に政治の話をして怒られたことがあり、この反省から、部外者の日本人が口を挟むことは控えるべきだと思うようになりました。

……なのですが、台湾好き・台湾のモノ好きとしては台湾の政治ノベルティがどうしても気になるのも正直なところ。こういったモノを見つけたり、台湾人の友人に譲ってもらったりして密かにコレクションをしています。特に大切にしているのは尊敬する「台湾の父」李登輝さんの現役時代のモノです。

民進党と国民党のフライトジャケット戦争

2020年の総統選挙では民進党と国民党がそれぞれMA-1タイプのフライトジャケットをまとい接戦を繰り広げました。台湾のマスコミの中には「フライトジャケット戦争」と紹介するほどでした。2024年の総統選挙には双方ともフライトジャケットからスタジャンに代わり、インスタグラムでのプロモーションなども含めて話題になりました。

民進党のジャケット

国民党のジャケット

李登輝さんの本を読み漁っていた時期、友達のAikoberry（P139）が「家にあったのであげます」とくれた肖像画は特に大切にしています（写真上）。それ以外のバッジ類などは蚤の市で見つけたり、台湾人の友人から譲ってもらったモノです。

台湾の宗教関連アイテムたち

廟の帽子

台湾で最もポピュラーな宗教・道教。そのお祭りの際に関係者や信仰者がこぞって被る廟オリジナルの帽子が一部日本人台湾ファンの間で静かなブームとなっているようです。

ただし入手方法は少々難しく、各廟に交渉して譲ってもらうか、蚤の市などで中古品を探すしかないのが現状。欲しい人は根性で探しまくってください。

廃業した帽子屋さんの大量在庫と出会えた僕は100個ほどを仕入れて台湾フェスで1個300円で販売。あまりの人気から一度の出店で完売してしまいました。

祈祷グッズ

台湾には道教以外にも仏教、キリスト教などを筆頭に無数の宗教があり、その数だけ祈祷グッズも存在します。

見たことがないモノに出会うとすぐ欲しくなってしまう僕は台湾の各所で出会うこういった祈祷グッズもいくつかを持っています。

仏教の祈祷グッズ（写真右）は高雄郊外にある仏光山という巨大寺の販売所で購入可能です。また、繁体字交じりのキリスト教の祈祷グッズ（写真右下）もなかなか興味深いものがあり、見つけるとすぐに買います。道教のブリキ製の筒（写真下）は当初ゴミ箱かと思っていましたが、これも祈祷アイテム。「神様への供物を入れる大切な入れ物だ」と台湾人の友人に叱られました（ごめんなさい）。

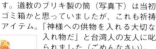

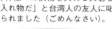

ロータスランプ

仏教徒にとっての癒しのアイテム・ロータスランプ。蓮の花をモチーフにしたランプで、仏具の両脇に置いたり、インテリアとして使うことも。

　このロータスランプも台湾には様々なモノがあります。僕のお気に入りは写真左のクリアなプラスチックのモノ。電光を放ちながらグルグル回り続けます。

オーソドックスなロータスランプ（写真右）と僕のお気に入りのグルグル回りながら電光を放つロータスランプ（写真上）。電光の点滅の仕方が台湾的でシビれます。

ブッダマシーン（念佛機）の変わり種

　今も昔もアジア雑貨ファン、中華雑貨ファンは一定数いますが（僕もそのうちの一人）、そのジャンルを飛び越え数年前からブッダマシーン（念佛機）が若い人の間で人気を得ています。

　ブッダマシーンとは、仏教の音楽や念仏などをいつでも聴くことができる機械で、オーソドックスなモノは置き型（写真左上）やシンプルで軽い携帯型（写真左）などがあります。一方、台湾の仏教関連店を見て回ると「なんじゃこりゃ！」という驚きのブッダマシーンも売られています。

　植木鉢からお花が飛び出したブッダマシーン（写真右）は、仏教の音楽を鳴らしながら優しい光を放つモノ。葉っぱの水滴やボディの雑草など地味にこだわって作られていることを感じます。

　そして塔のようなブッダマシーン（写真右下）は、電源を入れると真っ赤な光を放ち回転しながら仏教の音楽を鳴らします。

　さらにソーラータイプのブッダマシーン（写真下）は野外で仏教の音楽を聴きたい場合に最適な逸品。

　そして、最後はお坊さん人形型のブッダマシーンも（写真左）。ちなみにこのブッダマシーンは、台湾の仏教団体・慈済のモノで、以前、東京支部で運営していた中国語教室の食事会で購入しました。

　このようにブッダマシーン一つとっても台湾のモノは実に様々。他にない自由で興味深い一台を見つけてくださいね。

台湾の土木・プロユースアイテムたち

業務用品アレコレ

台湾雑貨を追いかけ続けていると、だんだん五金（ヘビーデューティ）なモノへと辿り着きます。いわゆる「五金行」というプロユースの資材・道具専門店にはＤＩＹ好き垂涎のアイテムがズラリ。

これらもまた見逃すことができません。

野外での活動をするシーンが何かと多い台湾なので、キャンプなどに流用できるアイテムもいっぱい。台湾偏愛人なら日本のオシャレキャンプブランドのモノよりもカッコ良く感じる一品を見つけることができるかもしれませんよ。

夜市の一角からリピートで流れてくる「試試《スースー》看《カン》の～♡　試試看の～♡」のかわいい女の子の声。意味は「試して見てくださいね♡」です。台湾では録音した声をリピートで流せるメガホン（写真左）があり、これによって「試試看の～♡」が繰り返されているのでした。

台湾で長靴と言えば、この黄色いビニール長靴（写真左下）。台湾で急きょ山、海の岩場などに入る際にはダッシュで調達を。

台湾の警察が乗るスクーターの後部に搭載されたサイレンや、工事現場の警告灯（写真右）はどことなくレゴっぽいプロダクトデザイン。点滅式、ソーラー式など様々なタイプがあり、なんらかのアウトドアシーンにも流用できそう。

工事現場の囲いを彩る森林の絵のプレート

日本・台湾双方とも、工事現場などの囲いには森林などの絵が描かれたアルミのプレートが掲げられています。正式な名前はわかりませんが、日本のプレートより台湾のモノはなんだか穏やかで「かわいいな」と思って僕は見ていました。

そんな折、台南の高速道路のサービスエリア脇の工事現場で、このプレートの廃材置き場が。工事スタッフに「捨てるやつ2枚くらいくれない？」と聞いたらタダでくれ、スーツケースに折りたたんで日本に持ち帰りました。絶対にウケると、若い台湾ファンの友達に自慢しましたが、みんな無反応でした。

台湾の看板の中には切り出し文字（写真上）を使う場合がありますが、こういった廃材が蚤の市で販売されていることがあります。何をどう使うかはすぐに思いつかなくとも、こんな台湾らしいモノと出会うと、つい買ってしまいます。

台湾版ブルーシートの藍白帆布（写真右）。工事現場を筆頭に市場、食堂、クルマのカバーなど、街中で本当によく見かけます。もちろん日本ではお花見のシートなどにも重宝することでしょう。

花蓮で古いラブホテルに宿泊した際、ベッド脇にフルーツがプリントされたガラスタイルが張られていました。古い台湾のフルーツ屋さんの壁みたいで「かわいいな」と見ていたのですが、その翌日、台北に向かい蚤の市に行ったところ、なんと昨晩見たフルーツプリントのガラスタイル（写真上）が販売されていました。なんという不思議なデジャブ。用途はさておき迷わず購入しました。

全然知らない人の、全然知らない許可証や賞状（写真上）。おそらく何かに役立つことはなさそうですが、蚤の市などで見つけると、自分の意思を超え無意識に買っていることがあります。

台湾の工事現場の囲いのプレートの絵のタイプは僕が知る限り、上の2つともう1つが存在します。

台湾の喫煙アイテムたち

灰皿

日本同様、台湾でも昨今は厳しい禁煙ムードですが、かつては「挨拶代わり」にタバコを交わしあう」場面は多くありました。

そんな経緯もあってか台湾の特に古いモノの中には喫煙具も多くあります。特に蚤の市では古い灰皿などでかわいいモノが結構出ています。別の用途で使うのも良いかもしれません。

大宮の台湾茶房e～one（P081）の台湾人の奥さんが「松田さん、これきっと好きでしょう」とくれた古い台湾製の灰皿（写真上）。まさにドンピシャで、若いころに台湾で買ったことがある灰皿と同タイプでした。そして、最近蚤の市で買った金門陶芸の灰皿（写真右）。猫脚がかわいい灰皿ですが、たったの50元でした。

栓抜き兼用型ライター（写真左下）と檳榔屋さんのノベルティライター。いずれも台湾ならではのアイテムです。

ノベルティライター

通常、日本人旅行者が帰りの飛行機に持ち込めるライターの数には、航空会社ごとに定められた制限があります。

このため、一度の渡航で台湾のライターを持って帰れる数はかなり限られてしまうわけですが、そんな中でも僕が地道に買い集めているのがノベルティ系の100円ライター。いずれも台湾らしいプリントが渋くて、至福の一服がさらにうまくなるように思っています。

買東西その8

日台友好
＼日本で買える！／
クリエイター
グッズを追いかけて

コロナ禍以降、日本各地で再び台湾フェスが盛り上がりを見せ始めました。

それまで僕は、台湾フェスにそう熱心に足を運ぶほうではなかったのですが、一度遊びに行って以来、出店している若手台湾ファンの熱量の高さに感動。そして一昔前のような「台湾のはずなのに、某国が交じっている」ということも少なくなりました。以来、特に雑貨やモノを買いに通うようになり、さらには自分まで店を出させてもらうようにもなりました。

そんな中で出会った、あるいは見つけた日台の若手クリエイターの「台湾モチーフ」の雑貨・モノをここで紹介します。クリエイターそれぞれの目線での「台湾への思い」を商品や作品に込めていて、見ているだけでも楽しい気持ちになりますよ。

日本在住台湾人イラストレーター

Aikoberry

【作家名】**Aikoberry**

【WEB】@aikoberry（インスタグラム）

台湾・淡水《ダンスェイ》出身で後に日本に移住することになったAikoberryさん。以来、イラストレーターとしてZINEを中心に発表して以来、ファンが急増。今ではアパレルメーカーのグッズや女性誌の挿絵も手掛けるようになりました。

制作するのはZINEやポストカードなどの紙モノの他、多岐にわたるグッズ展開も。いずれも物語性を感じるのが特徴で、読んだり眺めたり使った後はほっこりとした気持ちに。

不定期での個展のほか、大小問わず台湾フェスにも出店が多くこういった場では「似顔絵ワークショップ」もよく開催されています。

かわいい刺繍ハンカチ（左上）とコラボで作ったというAikoberryさんが描いた猫ちゃんが入った漁師バッグ（写真右上・上）。また、台湾や沖縄の日常風景を描いたポストカードも（写真右）。

リソグラフを使って作ったというZINE（写真上）。カバーの真ん中が窓になっている仕様です。そしてメーカーとのコラボで商品化されたメガネ拭き（写真左下）。プレゼントにも良さそうです。

Aikoberryさんは僕の台湾の先生

Aikoberryさんは僕が台湾に通い始めた頃に知り合い、当時彼女はまだ淡水在住の大学生でした。初めて会ったときにもらった名刺は左下のモノで、印刷ではなく手書きでした。以来、台湾に行くたびに遊んでもらうようになり、やがて双方ともに家族ぐるみの付き合いに。僕にとっては台湾のことならなんでも教えてくれる先生でした。

さらにAikoberryさんが日本に移住することになり、住所を聞いたら超近所。この他にも不思議な縁がいっぱいあるAikoberry大先生なのでした。

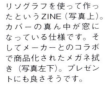

原住民素材を使ったかわいい雑貨たち

想創Taiwan

【作家名】ま波（MAHA）

【WEB】https://sousoutaiwan.com/

「大好きな台湾を“想”いながら、愉しい時間を“創”る」をコンセプトに、全国各地の台湾フェスに出店し続ける想創Taiwan。

オリジナルのイラストグッズもある一方、特に目を奪われるのが原住民の生地やチロリアンレースを使ったハンドメイド布小物。いずれも「台湾で直接買い付けた布を使う」のがこだわりだそうですが、ポップに変身させてしまうのがデザイナーのま波さんのすごいところ。

下のカコミにもある通り、想創Taiwanの出店以外にも台湾に関する様々な活動を行う台湾ファン界隈での有名人です。

原住民の刺繍テープ使用のキーホルダー、ピアス（写真上）。ビビッドな色使いで見ているだけでも楽しい気持ちに。

原住民素材を使ったペンケースは売り切れ必至の人気アイテム（写真上）。また、刺繍テープを使ったかわいいブレスレットも（写真下）。

MAHAさんは5人くらいいる説

想創Taiwanを運営するMAHAさんは自費出版した著書（写真左）があり、この他にもイベント運営、台湾情報ライター、在日台湾原住民連合会のダンサー（写真下）など様々な顔を持っています。

関東圏の台湾関連イベントには必ずおり「MAHAさんは3人くらいいる」と言われています。また、台湾でも同時刻に別々の場所で目撃情報があり、合わせると「少なくとも5人はいる」とも。それほどまでに台湾愛激アツのMAHAさんに今後も要注目！

ほっこりした台湾風景に飛び込みたい！

佐々木千絵

【作家名】**佐々木千絵**

【WEB】@chie_sasa（インスタグラム）

台湾ファン的には、2017年に上梓された『LOVE 台南 台湾の京都で食べ遊び』（祥伝社）のヒットが有名な佐々木千絵さん。台南の林百貨の限定カレンダーや、仙台の台湾フェスの挿絵などひっぱりだこの様子ですが、超かわいいオリジナルグッズもときどき発表されています。いずれも描かれた一人一人の表情が優しくてほっこり。その中に飛び込みたくなります。

色鉛筆・水彩コピックで描いた作品（写真上）は額装作品として販売中。また、2025年2月開催の仙台の台湾フェスではイメージビジュアルも担当されました（写真下）。

2017年に上梓された『LOVE 台南 台湾の京都で食べ遊び』（祥伝社）（写真左）。現在は台湾も含めたイラスト旅本制作中とのこと。また、佐々木さんの優しく細やかなタッチは以前のイラスト展示の際には手ぬぐいにも（写真下）。今後も展示などの際にはこんなグッズを作りたいとのことです。

「まっちゃねこ。」シリーズのアンブレラマーカー（写真上）とTシャツ（写真下）。

台湾にルーツを持つ作家による猫ちゃん

まっちゃねこ。

【作家名】ちにゅり

【WEB】https://matchaneko.net/

2016年よりLINEスタンプとして登場した「まっちゃねこ。」シリーズ。作家のちにゅりさんは日本生まれの台湾人で、日本語のほうが得意である一方、自身のルーツである台湾に興味を持ち、文化・歴史を学び続け、作品に落とし込んでいるそうです。

これまでにTシャツ、キーホルダー、ステッカー、ポストカードなどが生まれた一方、様々なクリエイターや全国各地の台湾料理店とのコラボも。ほっこりしていそうに見えて何気にフッ軽なのも特徴です。

まっちゃねこは意外と身近な場所に現れる！

のんびり穏やかな表情のまっちゃねこですが、意外と神出鬼没。身近なところで行動しています。今もあなたの近くで佇んでいるかもしれませんよ。

海に！

三太子の手の平に！

車両基地に！

茶畑に！

台北101に！

テレビ番組に！

盆踊り大会に！（うちわにも！）

サッカースタジアムに！

水族館に！

家系ラーメン屋さんに！

黒湯の銭湯に！

桃園空港に！

「まっちゃねこ。」シリーズのステッカー（写真左）。まっちゃねこには仲間たちもいっぱい！

ポストカード（写真上）。日台の祝日が記載されたカレンダー（写真左）。

グッズではなくゲームで台湾オマージュ

小籠包投

【作家名】橋本太郎
【WEB】@taro_hashimoto（インスタグラム）

夜市の遊具のようなアナログゲームを作り、台湾フェスなどに出店する小籠包投。当初は1メートル先ほどのセイロに向かって小籠包のぬいぐるみを投げるゲームでしたが、後に進化。台湾の赤い円卓に見立てた自動回転台を作り、より高度なゲーム性を実現しました。

主宰の橋本太郎さんは「無駄と思えても刺激あるモノを作りたい」と言い、台湾フェスにも来場者同士が共感できる楽しさを提供し続けています。

小籠包投は1回5百円で8個の小籠包のぬいぐるみを投げられます。このうち、4個入るとオリジナルの商品をゲットできる仕組み。1回のゲームごとに盛り上がる様子はさながら台湾の夜市の遊具エリアのよう。

目指すべき小籠包の周囲にいるかわいい動物たち。人畜無害のように見えて実は何かを企んでいるように見えなくもなく、投げる側はいっさいの油断は禁物です。

時空を超えた最新型台湾タイポ！

南国超級市場

【作家名】Oo!

【WEB】@ss_spmk（インスタグラム）

台湾・高雄出身のOo!さんによるブランド。もともとは高雄のローカルスーパーをテーマにしたZINEが出発点で、後にデザインも含めた雑貨ブランドへ。日本語・台湾語・台湾華語の言葉遊びを目指しているとのことですが、僕が何より惹かれるのがこのタイポグラフィ。

懐かしいような、でもレトロでもない最新型のそれはOo!さんにしか作れないモノ。これらタイポグラフィがあしらわれたグッズたちを前にすると、ついジッと見つめ続けてしまいます。

台湾華語の「カタカナ」のような役割の「BOPOMOFO」をタイポグラフィにしたキーホルダー（写真上）。Oo!さんによれば「文字をイラストとして捉える」とのこと。また、涼しげな透明ベースのキーホルダー（写真下）は、台湾の朝食で飲む「大冰奶」（アイスミルクティーLサイズ）をガブガブ飲むとお腹を下すこともあると注意喚起をする一品。

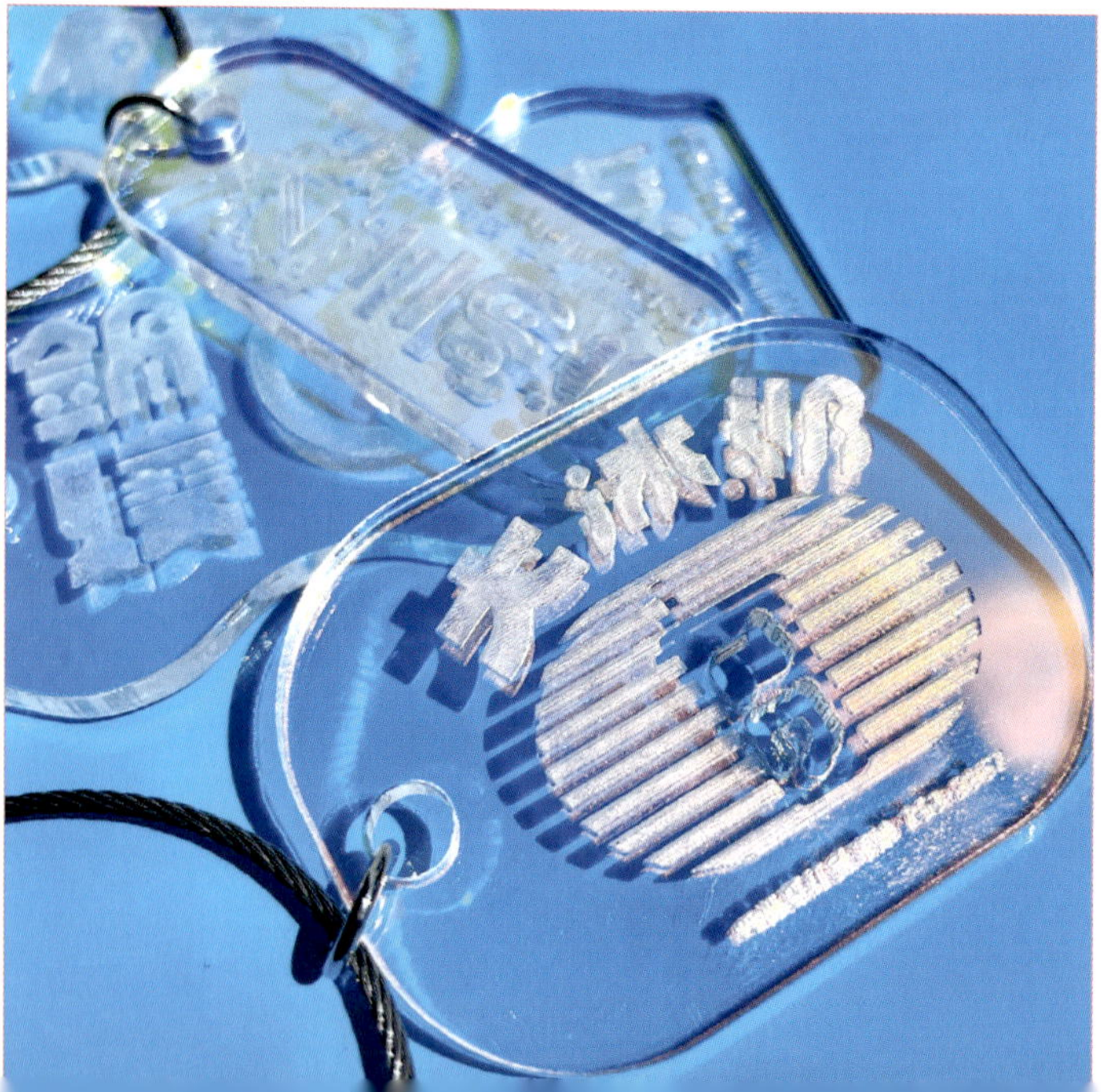

ハガキ＆ステッカーセット（写真上）。これらもまた食べ物と健康に由来したイメージの作品。

一体化した小籠包×文鳥で笑顔に

小籠包文鳥

【作家名】エリー

【WEB】@elly.taiwan（インスタグラム）

コロナ禍以前、日本国内で台湾をモチーフにした雑貨が少なかったことから、SNSフォロワーの要望を受けて誕生したという小籠包文鳥。作者のエリーさんが「台湾と文鳥が好き」ということで生まれたキャラクターで、その表情は人の心をフニャッとさせてくれる安心感があり、誰をも笑顔にする魔力があります。

それでもモチーフはしっかり台湾。今後も台湾好きのSNSフォロワーたちと一緒に「さらに台湾を楽しむ」グッズを展開していくそうです。

マジョリカタイルや食べ物などの台湾モチーフのバッジにも小籠包文鳥が（写真上）。そして、スケジュールを拒むような表情の小籠包文鳥があしらわれたオリジナルカレンダー（写真左）。

こちらも見る人・使う人をフニャッとさせるキーホルダー群（写真右）。日常でイラッとするようなことがあっても、大好きな台湾と小籠包文鳥の表情を見れば、怒りが吹き飛びます。

大ヒット作、小心地滑のミニチュアキーホルダー。台湾フェスなどでの出店時でも売り切れ必至のアイテムとのこと。

男子台湾ファン垂涎のアパレル＆雑貨

NERIAME

【作家名】大塚拓

【WEB】https://neriame.com/

「練って空気を含ませる」ことで美味しくなると言われる「ねりあめ」のように、生み出すだけでなくあらゆる場の空気・経験を入れることで美しくなることを目指すブランド。

アジアンカルチャーから影響を受けたアパレル＆雑貨を展開しており、女性台湾ファン向けアイテムが多い中では特に貴重な存在。「買っておけば良かった」と後悔しない間にぜひゲットを！

「珍珠快快吸面罩」というマスクからタピオカミルクティーが出てくる発明品をあしらったクッションカバー（写真上）。台湾のマッサージ屋さんによくある足ツボのイラストを載せたスケートボードデッキ（写真左下）。過剰にお礼を言いたいときにオススメの手ぬぐい（写真下）。

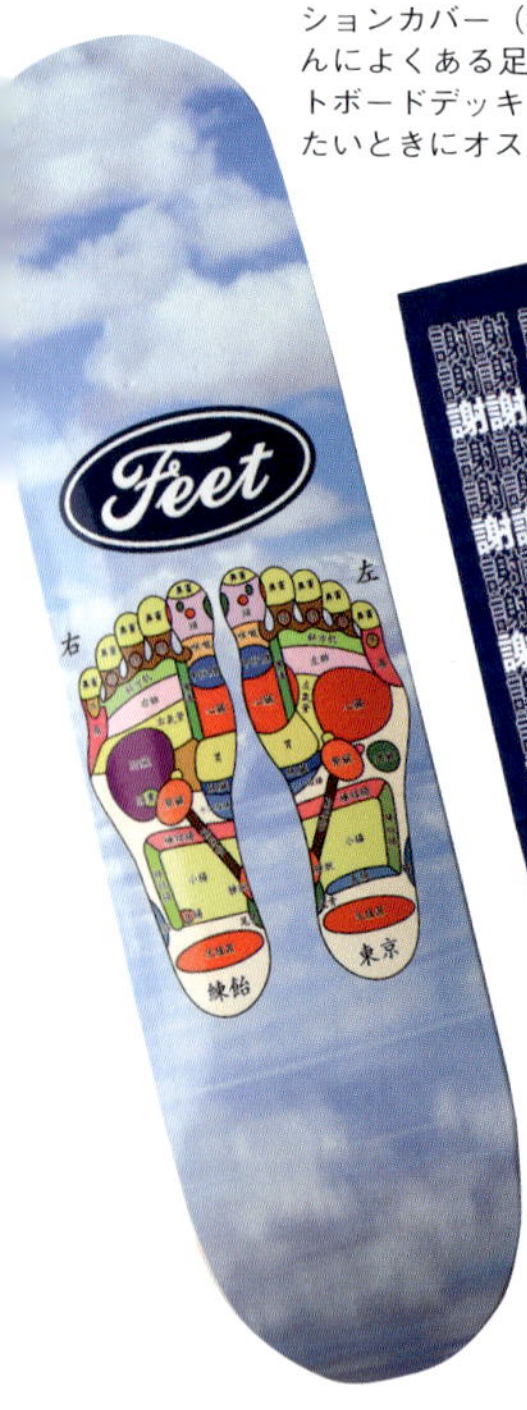

台湾の有名インスタントラーメンをオマージュした刺繍ワッペン（写真左）。台湾で仕入れたデッドストック生地を使ってのトートバッグ（写真下）。

アートを通して保護犬減少に取り組む

TEIYU

【作家名】テイウ

【WEB】@teiyusha（インスタグラム）

人間の都合で行き場を失う犬を1匹でも減らしたいと台湾人デザイナーのテイウさん。自身が作る犬をモチーフにしたポストカードやぬいぐるみを日台両方の台湾フェスや、犬フェスなどで販売し、その収益の一部を動物保護団体に寄付するという活動を行っています。

キラキラした空間に犬たちが佇む作品が多いですが、その表情はとても嬉しそう。そして、これらを見る人間もまたテイウさんの表現を前に心が洗われるように感じます。

テイウさんと台湾人アーティストのピンピンさんとのコラボ写真集（写真上）。台湾の日常で出会った犬たちを集めた作品で、印刷製本も台湾で実施。

ステッカー群（写真左下）。いずれも眩いばかりの空間の中で犬たちが嬉しそうな表情を浮かべています。

犬と人間のキーホルダー（写真上・右）。人間より犬のほうが大きく、なんだか人間が犬に飼われているかのよう。

2024年に開催された名古屋の台湾フェス「台中夜市」での様子（写真上）。本書でも紹介したレア台湾雑貨を中心に販売しました。台湾モチーフのオリジナルアイテムも今後増やしていく予定です（写真下）。

新アパレルブランド「花蓮鼠」始動！

松將五金行

【作家名】松田義人

【WEB】 https://www.facebook.com/yiren.songtieng/（フェイスブック）

僭越ですが、僕の店も紹介させてください。僕の本業はライター・編集者ですが、趣味で買い集めてきた台湾の雑貨・モノなどを、ここ数年で、いくつかの台湾フェスに出店し販売させてもらうようになりました。

これまでは完全に趣味の延長、在庫整理的な意味でしたが、ここまでに紹介したクリエイターの皆さんに感化され、今後はオリジナルアパレル・子ども服、オリジナル雑貨などを展開予定です。

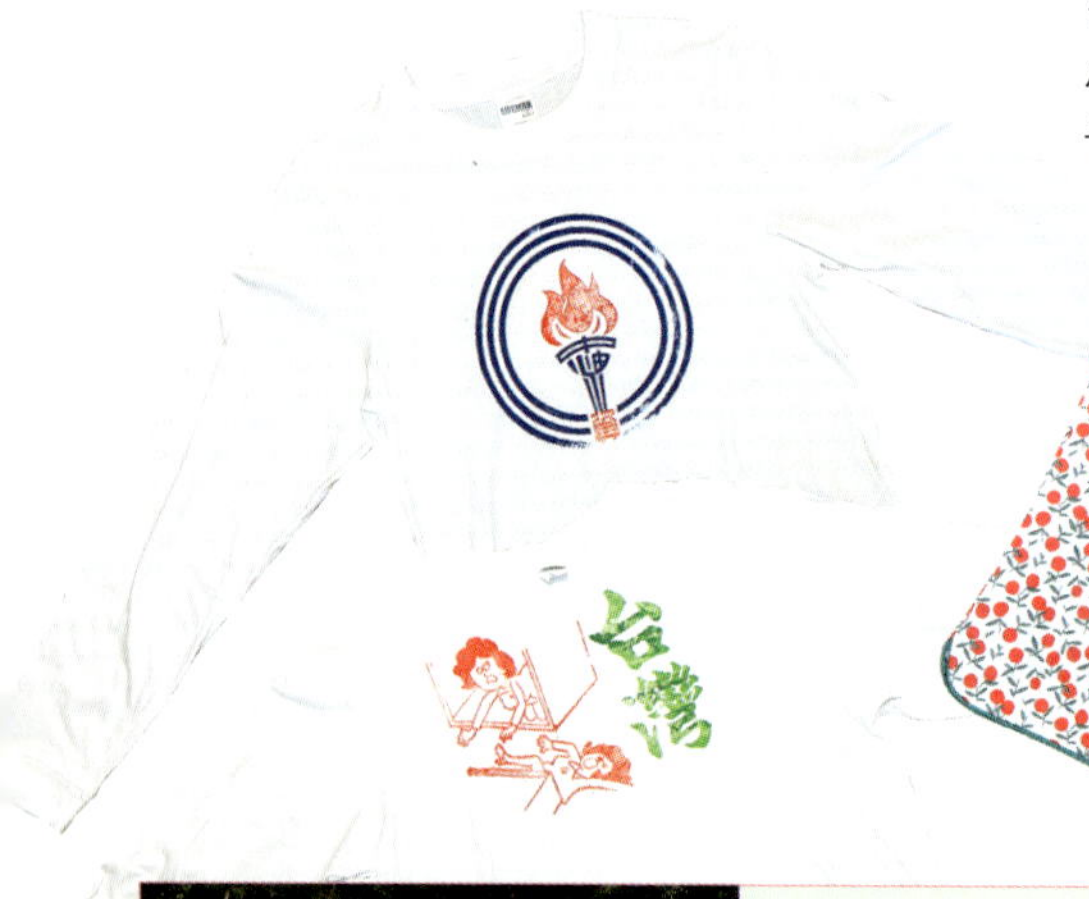

売れ筋の子ども向けのチャイナ服。今後はさらに在庫を充実させます。

新ブランド「花蓮鼠《ホワレンシュー》」とは？

花蓮の美崙山公園に巨大なネズミのモニュメントがあります。完全な台湾オリジナル。世界中のどんなキャラクターからの影響もいっさい感じないそのビジュアルに僕は衝撃を受けました。花蓮を訪れる際は「いなくなっていないだろうか」と真っ先に確認しに行く大好きなネズミです。

この花蓮のネズミをモチーフにした「花蓮鼠」という新ブランドを始めます。すでにバッジやトレーナーなどを試作中。ぜひご注目ください！

花蓮・美崙山公園に鎮座する「花蓮鼠」。コロナ禍では率先してマスクをし、市民を啓蒙した頼もしい存在です。

日本随一の台湾発信拠点

誠品生活日本橋で台湾の雑貨・モノ・情報をゲットしよう

店内の様子（写真上）。ゆったりとしたスペースで本を選べます。台湾に関する本のラインナップは多岐にわたり、時間がいくらあっても足りません。

誠品生活日本橋
東京都中央区日本橋室町3-2-1
COREDO室町テラス 2F
〈営業時間〉
平日 11：00～20：00／土日祝日10：00～20：00

誠品生活日本橋の雑貨スペース（写真下）。本書で紹介した雑貨・モノの一部も、日本にいながらにして気軽に購入することができます。

「台湾に行きたいけど、余裕がない」
「台湾に触れていたいけど、
どこに行けばいいかわからない」
そんな方はまず東京・日本橋にある
誠品生活日本橋に行ってみてください。
台湾本のラインナップは日本随一。
さらに日台の優れた雑貨・モノの
取り扱いもある上、台湾関連イベントも
不定期で実施しています。
どれだけいても時間が足りない店、
それが誠品生活日本橋です。

充実の台湾本のラインナップと台湾雑貨やモノもたくさん！

2019年に東京・日本橋にオープンした誠品生活日本橋。台湾の百貨店・誠品グループの日本第1号店で、書店としての機能を十分に確立させながらも、人々の暮らしを豊かにするような多くの提案をしてきました。台湾関連本のラインナップは日本随一で一般ガイドブックからマ

日台を中心に良質文具の取り扱いも（写真上）。また、台湾の高級レストラン・富錦樹台菜香檳（フージンツリー）や台湾茶ドリンク専門店のHAPPY LEMON（P127）も同フロアにあります。

台湾の誠品書店を彷彿とさせる読書スペース（写真上）。ここでは不定期で台湾に関連するトークショーやワークショップなども実施。台湾の情報を生で得られ、体験できる貴重な場です。

ニアックな研究書に至るまで無数に陳列されています。

台湾の誠品書店では「気になる本があれば、椅子や床に座り込んで落ち着いて読める」空間を作っていますが、誠品生活日本橋も同様。書店コーナーには読書スペースを設け、誰でも気軽に本に触れることができます。

読書スペースを使っての不定期の台湾関連イベントも！

僕がすごく良いなと思い、そしてよく利用するのが、この読書スペースを使った不定期での台湾関連の有識者などを招いたトークショー、ワークショップなど。台湾に行かずとも「台湾を生で体験できる」貴重な場で

台湾フェスの楽しさとはまた違う、さらに一歩踏み込んだ台湾を知ることができます（イベント時は読書スペースは閉鎖）。

また、本の他には日台を中心に、良質な文具を揃えた売り場や、台湾の雑貨・モノなどを気軽に購入できるエリアも。さらに誠品生活日本橋と同フロアのテナントスペースには台湾ブランドのコスメ・漢方などのショップが並ぶ一方、台湾の飲食店もあります。

まさに台湾に始まり台湾に終わる、台湾尽くしの貴重な場所です。台湾の雑貨やモノを追いかけたい方は、まずは誠品生活日本橋に足を運んでみると良いと思います。次の台湾旅のプランがより具体的にイメージできる、夢がいっぱい詰まった店です。

同フロアのテナントスペースには阿原YUAN（P059）の店舗が入る他、Aikoberry（P139）の販売コーナーも。この他、日台の注目ブランドの複数の店が並んでいます。

買東西その9

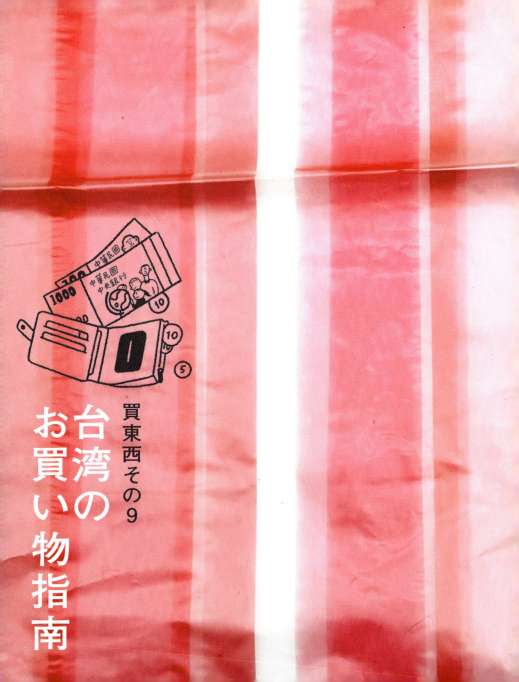

台湾のお買い物指南

台湾では「値切り交渉」が通用するのか?

お互いが気持ち良くなれる値切り術

台湾のあらゆる場面で出会う雑貨たち。少しでも安く購入したいものですが、値切ることはできるのでしょうか。台湾で雑貨などを購入する際、僕がよく使う値切り交渉術はおおむね以下の2つです。

①複数の商品を買うことを条件に少しオマケしてもらう

例えば、同じ店でいくつかの商品を購入する場合、「端数を切ってもらえないか」と交渉するというもの。あるいは同じ商品をいくつも購入する場合「これだけ買うから1個オマケでつけてくれないか」と交渉するというもの。応じてくれない場合もありますが、商品の内容や1個単位の価格によっては快くオマケしてくれることがあります。

②蚤の市などでは「言い値からキリの良い数に下げる」交渉をする

蚤の市などに出ている店はほぼ言い値ですが、値段を尋ねた際、妙に半端な金額が提示されることがあります。例えば、値段を尋ねた際、「70元」と提示された場合、売り手は事前に値切られることを見越して半端な値付けにしている可能性があります。こんな場面では「50元なら買います」と言うと、ズバリその金額で購入できることもあります。

店頭で買いにくいものが欲しい!

台湾版EC&オークションサイト利用術

台湾にもECサイトやオークションサイトが複数あり、こういったサイトで目当てのモノを見つけることができますが、肝心なことに台湾のサイトの多くは台湾に住所を持たない日本人は利用ができません。

それでも目当ての商品をECサイトやオークションサイトを介して入手したい場合、おおむね以下の方法があります。

①台湾在住の友人などに代行購入してもらう

②海外在住日本人専門「クラウドソーシングサイト」で代行を依頼する

③オークションサイト専門代行業者に依頼する

①の場合、手間をかけることで人間関係が悪くなるリスクがあります。また、②の場合は契約不履行などのリスクがあり、③の場合は手数料が高額で時間がかかるなどのデメリットも。台湾のサイト購入の代行手段の判断は、慎重に行うほうが良いでしょう。

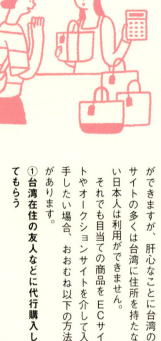

ガッツリ台湾お買い物旅がしたい！

台湾レンタカー旅のススメ

台湾を旅行中、「これは欲しい！」という雑貨やモノと出会っても、移動のことを考えてどうしても諦めざるを得ないことがあります。後になって「やっぱり買っておけば良かった」と後悔することもあります。

　そんな後悔をしないために、オススメなのが台湾でのレンタカー旅。レンタカーがあれば、重い荷物を持ち歩くことなく移動でき、ガッツリとした台湾のお買い物旅を実現できます。「日本と逆の右側通行だし、ハードル高めじゃないか」と思われる人も多いかもしれませんが、実は意外と簡単です。

　まず台湾でクルマを運転する場合に必要なモノは「パスポート」「日本の運転免許証」「クレジットカード」「中文翻訳書」のみ。「中文翻訳書」は日本国内のJAF窓口またはWEBからの申請で行えます。または、台湾であれば台北あるいは高雄にある日本台湾交流協会で行っています。国内在住者であればJAFで発行してもらうのが現実的です。

　これらを準備した上で、渡航前に台湾現地のレンタカーを予約します。今はネットで台湾各地のツアーチケットを購入できるサービスも充実していますので価格や条件などを比較しながら利用すると良いでしょう。

　なお、台湾をレンタカーで運転する上でのガイドブックもあります。「台湾を自動車で巡る。台湾レンタカー利用完全ガイド」加賀ま波（MAHA）・著（なりなれ社）というペーパーバック式の軽い本ですが、レンタカー旅のお供にオススメです。ぜひご参考に！

日本人が台湾でクルマを運転するための４つ。「パスポート」「日本の運転免許証」「クレジットカード」「中文翻訳書」。

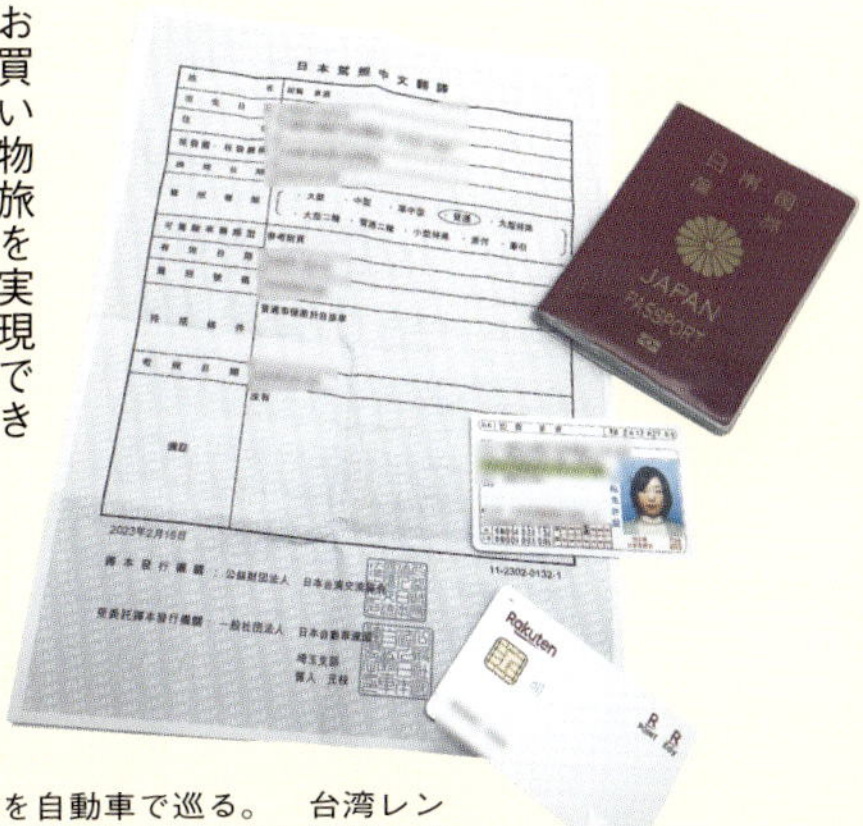

『台湾を自動車で巡る。　台湾レンタカー利用完全ガイド』加賀ま波（MAHA）・著（なりなれ社）

ヤベッ買いすぎた…台湾から日本へ荷物を送りたい！

台湾から日本への国際郵便利用術

台湾でアレも欲しい、コレも欲しいと買い物を続けていると、つい荷物が多くなることがあります。結果、復路の飛行機の預け荷物で高額の追加料金を払うこととなり、痛い出費になります。

　こういった事態になった場合は思い切って台湾で買った荷物を日本に郵送するのも一案です。結果的に飛行機で持ち帰るよりもはるかに安く済むことも多いです。また逆に言えば、台湾から日本への郵送術を知っておけば、一度の台湾旅での買い物の制限が多少ユルくできるという利点もあります。

　ただし、ここ最近台湾から日本への国際郵便の利用方法が変わりました。かつては郵便局に出向いて、手書きで書類を作成すれば良かったのですが、今は利用者自らスマートフォンまたはパソコンで郵送書類の作成をしなければいけないシステムに変わりました（日本から台湾へ国際郵便を送る際も同様）。

台湾で買ったモノが増えた場合、郵送で送るのがベストです。今は利用者自らスマートフォンまたはパソコンで郵送書類の作成をするシステムになり、中国語がわからない人にはかなりハードル高めです。左ページからの手順に従い、郵便局に行く前に事前に郵送書類を作っておくのがベターです。

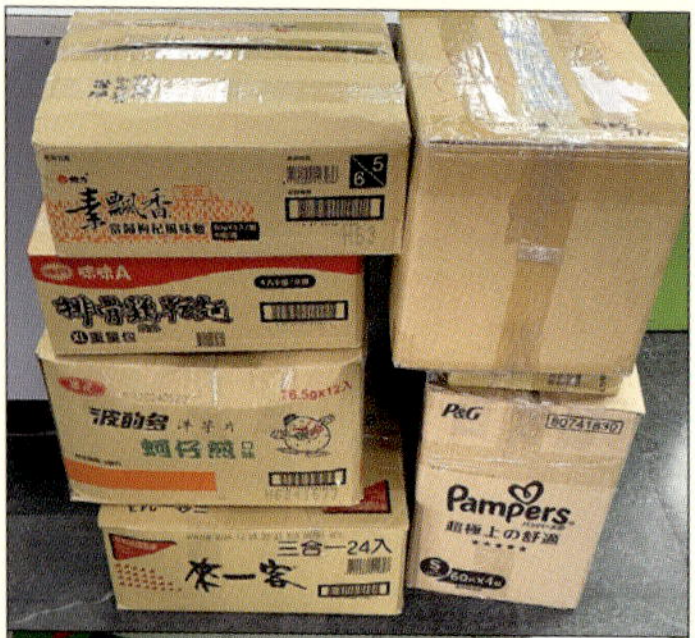

当初、僕はこの変更を知らずに「昔の通りでなんとかなるべ」と郵便局に向かいましたが、郵送書類をイチからスマートフォンで作ることとなり、上の写真の段ボール6箱を日本に送るのに3時間もかかりました。僕も大変でしたが、職員さんにも大変な手間をかけ恐縮しました。

　こうならないためにも、左ページからは事前に準備しておける郵送書類作成と郵送術を詳細に記します。ぜひご参考ください。

台湾から日本への郵送手順

台湾の郵便局で購入できる鳩があしらわれた段ボール。15～110元とそれなりに値は張ります。

①段ボールを用意する

まず、荷物を詰めるための段ボールを用意しましょう。台湾で段ボールを用意する方法はおおむね「スーパーや八百屋さんなどでもらってくる」「郵便局で購入する」の2パターンがあります。郵便局で購入する段ボールもまたすごくかわいいのですが、相応の費用がかかるので、安く抑えたい場合は「スーパーなどでもらってくる」ほうが合理的です。台湾のスーパー・カルフールでは段ボールを自由にもらえるコーナーがある他、小北百貨といった日用雑貨チェーンでもタダでくれます。

この段ボールに荷物を詰め込みテープなどで厳重に留めましょう。テープは別途買う必要がありますが、宿泊先のホテルによってはタダで使わせてくれる場合もあります。また、郵便局にもテープがあります。

②EZPostにアクセスする

次に国際郵便に関わる書類を作っていきましょう。前述の通り、台湾から日本に発送する国際郵便はすべて電子通関が必要なため、書類も全てパソコンまたはスマートフォンで手続きする必要があります。

まず、台湾の郵便局・中華郵政の「EZPost（EZPost郵寄便網站）」というサイトにアクセスし手続きを始めましょう。

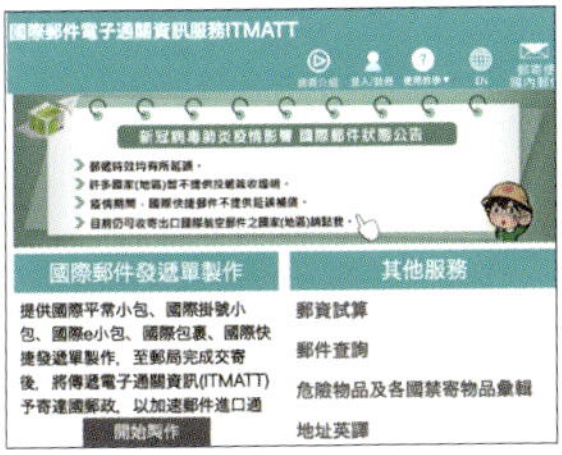
國際郵件電子通關資訊服務ITMATT
新冠病毒肺炎疫情影響 國際郵件狀態公告
國際郵件發遞單製作
提供國際平常小包、國際掛號小包、國際e小包、國際包裹、國際快捷發遞單製作，至郵局完成交寄後，將傳遞電子通關資訊(ITMATT)予寄達國郵政，以加速郵件進口通
開始製作
其他服務
郵資試算
郵件查詢
危險物品及各國禁寄物品彙輯
地址英譯

「EZPost 郵寄便網站（https://ezpost.post.gov.tw/）」にアクセスした後「国際郵便」をクリックし上のページへ。ここで「開始製作」をクリックします。

ちなみに「EZPost」はアカウント登録をすると2回目以降の入力の手間が省けます（アカウント登録なしでも利用できます）。

③国際郵便の種類を選ぶ

次に5つある国際郵便の種類の中から送付方法を選びます。国際郵便の種類は以下の通りです。

◆國際快捷郵件＝EMS
◆國際包裹＝国際荷物
◆國際e小包＝国際eパケット
◆國際掛號小包＝国際書留小包
◆國際平常小包＝国際小包

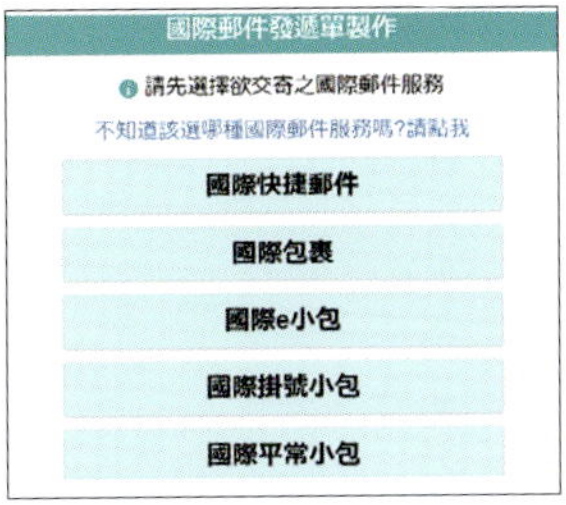
國際郵件發遞單製作
請先選擇欲交寄之國際郵件服務
不知道該選哪種國際郵件服務嗎?請點我
國際快捷郵件
國際包裹
國際e小包
國際掛號小包
國際平常小包

5種類ある国際郵便の選択画面。日本人旅行者が台湾で買ったモノを手持ちではなく日本に別送する場合はほぼ「國際快捷郵件（EMS）」か「國際包裹（国際荷物）」になるはずです。

台湾で買ったモノを日本に送る場合、「國際快捷郵件（EMS）」か「國際包裹（国際荷物）」を利用することになると思います。

「國際快捷郵件（EMS）」は30キロ以下の荷物を簡単に安心して便利に届けられる国際郵便です。最速で荷物が届き、追跡システムや損害補償も受けられますが、料金は高めです。

また、「國際包裹（国際荷物）」は一般的な国際郵便サービス。EMSより時間はかかるものの30キロ以下の荷物を送れる、比較的安価で追跡システムや損害補償が受けられます。

その他の郵送手段もメリット・デメリットがありますが、小口のモノが多いので台湾旅行の別送で使うことはほぼないと思います。

④発送者の情報を入力する

「EMS」か「国際荷物」を選択した後の、発送者の入力手順を説明します。双方とも入力画面に入る前に注意事項が記載されたページがあるので、文言の内容を確認した上でチェックをし、「確認」ボタンをクリックし、次ページへと進みます。

注意事項の詳細を確認した上でチェックをし、「確認」ボタンをクリックし進みます。

次ページで送付手段「郵件種類」を選ぶ必要があります。その種別は以下です。

◆**航空包裹＝航空便**

◆**水陸包裹＝船便**

◆**陸空包裹＝SAL便（エコノミー航空便）**

ただし、台湾から日本へは「航空便」「船便」の2つしか使えません。そのうち「航空便」は数日から10日ほどと最も早く日本に届きますが、送料が高いです。一方「船便」は送料は安いですが、日本に届くまで約1ヶ月前後かかります。

このいずれかを選択後、さらにスクロールし、入力フォームに必要事項を打ち込みます。途中「本公司特約戶編號」という項目がありますが、これは特に入力する必要ありません。

入力フォームにある「寄件人資料」というのが「発送者の情報」にあたります。このフォームは漢字・アルファベット表記双方が可能です。その内容は以下になります。

◆**寄件人姓名＝発送者の名前**

上の画面の「登打範例」の下部の3つの送付手段から「陸空包裹」以外の2つを選択。次に下の画面の「依受人」「収件人」入力画面へ。

◆**寄件人公司（機關）名稱＝発送者が所属する会社・団体名など（打ち込まなくても良い）**

◆**寄件人郵遞區號＝発送者の住所の郵便番号（日本の住所の郵便番号）**

◆**寄件人地址＝発送者の市区町を含む住所（日本の住所）**

◆**寄件人地址（縣市）＝発送者の住所の都道府県（日本の住所）**

◆**寄件人連絡電話＝発送者の電話番号**

例としては上から順に以下になります。

・松田義人
・空欄
・0000000
・杉並区永福0-0-0-000
・東京都
・81-00-0000-0000

⑤受取人の情報を入力する

発送者の住所のさらに下に「收件人資料」というフォームがあります。これが「受取人」の情報にあたります。仮に発送者・受取人が同じであっても、今一度発送者の情報を打ち込んでください。

また、このフォームには「寄達國」という項目がありますが、これは「目的地の国」の意味ですから「日本」と記載しましょう。

⑥内容物の詳細を入力する

さらにその下に「內裝物品」というフォームがあります。これは送る荷物の種類を示すモノです。種別は以下になります。

◆**禮品＝お土産など個人の一般的な荷物**

◆**文件＝書類など**

◆**銷售物品＝商品**

◆**商業貨樣＝商品サンプル**

◆**退貨＝何らかの返品**

◆**其他＝その他**

おおむね「お土産」を選択することになるはずですが、さらにその詳細を「内容物」フォームに打ち込みます。

旅行者ごとに異なる送る荷物によって記載が異なってくるはずですが、この点は中国語または英語で該当するワードを調べて打ち込みましょう。

また、その下にあるフォーム内容は以下になります。

◆**數量＝段ボール内に複数ある物品の数量**

◆**單價（単価）（小数2位）＝段ボール内に複

数ある物品の単価（小数点第2位まで）

◆総価＝段ボール内の物品の総額

また、段ボール内の物品が一つのカテゴリーに収まらない場合は「増加品項＝アイテムの追加」で記載の追加を行います。

また、さらにその下に「保険金額」を入れるフォームがありますが、おおむね貴重品や高級品を送る場合に利用するもので、条件が異なります。必要な場合は別途調べて打ち込むようにしてください。

最後に「包装資料＝梱包情報（段ボールのサイズや重量）」を入力します。

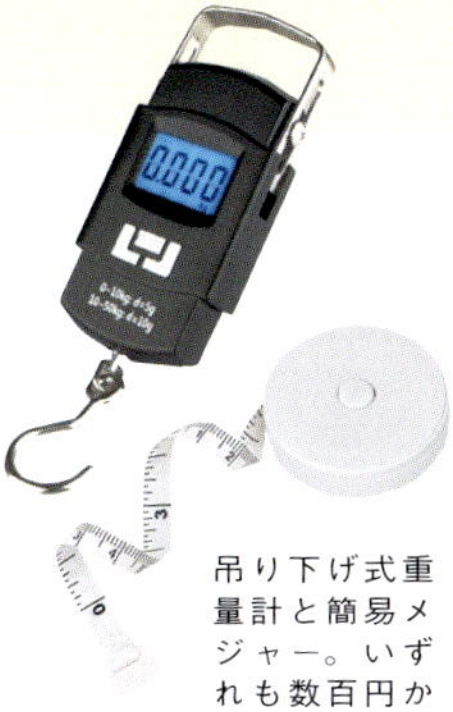

吊り下げ式重量計と簡易メジャー。いずれも数百円から購入可。スーツケースに入れておくと旅先で役立つ場面があります。

内容物の詳細を入力するフォーム。上が中身の詳細（品名・価格・数量など）、下が段ボール全体の詳細（重量やサイズなど）を入れるフォーム。重量やサイズは発送前に郵便局で改めて確認されるので正確な入力を行いましょう。

吊り下げ式の重量計や簡易メジャーがあれば事前に入力できますが、ない場合はここまでを打ち込んでいったん仮で「確定」をしておき、「未入力項目がある」状態にし、そのままスマートフォンと荷物を持って郵便局で改めて量ってもらうのも良いでしょう。

ちなみに、このフォームでの文言は以下になります。

◆総重量（公斤）（含箱袋重）（小數3位）＝総重量（キロ）（入れ物の重さも含む）（小数点第3位まで）

◆郵件尺寸-長度（公分）（小數1位）＝長さ（センチ）（小数点第1位まで）

◆郵件尺寸-寬度（公分）（小數1位）＝幅（センチ）（小数点第1位まで）

◆郵件尺寸-高度（公分）（小數1位）＝高さ（センチ）（小数点第1位まで）

⑧QRコード発行。郵便局で手続き支払いを済ませて発送する

全てを入力し終えたところで改めて「確定」をし、画面に表示されるQRコードを郵便局内にある機械「EZPost」に読み込ませて印刷をします。そのプリントを郵便局の窓口で提示し、重量・サイズなどを再確認された後、指定代金を支払い手続き終了です。

郵便局内に設置されている機械「EZPost」

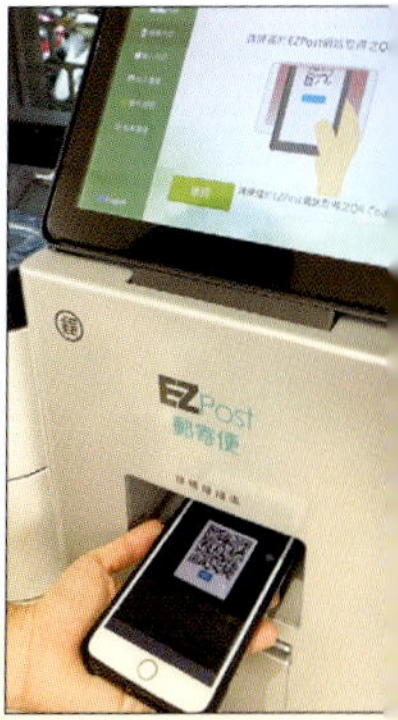

⑨送料の目安と関税の注意点

「EMS」「国際荷物」双方とも、荷物の内容によって送料が微妙に変わってきますので、この点は事前に前述の「EZPost郵寄便網站」で調べておいてください。

また、台湾から日本に郵送した後、日本に帰国する際には必ず「別送品あり」の申告をすれば、関税をかけられず受け取れます。ただし、下記の条件を満たす必要があります。

◆依頼主と届け先の名前が同じ

◆本人入国後、6ヶ月以内に通関すること

◆免税範囲を超えないこと（携帯品と別送品の合計が20万円を超えないこと）

入国時の「別送品あり」の税関申告書は、空港か税関検査場に用紙が用意されているので、その場で記入してください。

⑩その他

ここまでの通り、言葉が不慣れな旅行者にとってはイージーとは言い難いシステムなのですが、いずれも郵便局で尋ねれば親切に教えてくれます。台湾の雑貨をたくさん買いすぎた場合にはぜひトライしてみてください。

おわりに

台湾にドハマリする人の最初のきっかけは様々です。台湾のグルメが好きな人、台湾の映画や音楽などの文化が好きな人、台湾の歴史が好きな人、台湾の鉄道が好きな人、台湾の自然が好きな人、台湾のスポーツが好きな人、はたまた身内に台湾とゆかりのある人がいて、なんらかの縁があって台湾が好きになった人――。中でも本書を手にとってくださった方は、台湾の雑貨が好きでまさに絶賛ドハマリ中だったり、これから台湾沼に浸かりそうな人がいると思います。

かくいう僕が台湾にハマったきっかけもまさに台湾の雑貨、そして台湾人との出会いでした。

プロダクトデザインを学んでいた学生の頃、僕はイタリア製のスクーター・ベスパを月賦で購入しました。記憶では確か60万円ほど。学生が組む月賦としては決死の覚悟でした。

なんとかして買ったベスパでしたが、日本製バイクと違って消耗品パーツが多く、常に自分でメンテナンスしながらでないと乗り続けられないことを後になって知りました。そのため、常に消耗品パーツをストックしておく必要があるのですが、これがベラボウに高い。がんばってベスパを買ったのに、乗り続けるためにはさらにお金がかかるのでした。

当時のプリントなので写真が粗くて恐縮ですが、初めての台湾の帰りの荷物（写真上）。羽田空港の税関でホウキとか食堂の椅子とかを見て「これはなんですか」と止められました。また、当時台北に無数にあったベスパ専門のバイク屋さん（写真下）。バイク屋さんも皆親切で、僕が日本人だとわかると近所の「日本語がわかる人」を連れて来て対応してくれました。

そんな中、「僕のベスパと同じモデルが台湾でもガンガン走っていて、しかも台湾製パーツは、イタリア製のオリジナルよりも頑丈でなおかつ安い」という噂を聞きつけました。「ならば台湾にパーツを買いに行くべし」と、渡航費を捻出するため、さらに必死にアルバイトをし、また、ちょうどハタチになる頃だったのを良いことに親にねだって「成人のお祝いとして台湾旅行を少し援助してくれないか」と都合の良いことを言い、数万円もらってなんとか台湾に行きました。

初めての台湾は衝撃でした。街中に溢れる台湾の雑貨の数々が日本のプロダクトと少し違い、その配色もなん

30年選手の台湾のモノ

「初めて台湾に行ったときに買ったモノ、今でも残っているかな」と仕事場をひっくり返したら出てきました。左が中華式綿入れジャケット。台北の旧萬華駅近くにあった古い中華衣料の専門店で買い、これを着てベスパで学校に通いました。でも、同級生は意味不明の様子で誰も触れてくれませんでした。下が日本製、スイス製などの自動巻時計のデッドストック。台湾製ではないですが、当時の台湾では「自動巻時計は時代遅れ」といった印象で、こんなお宝を破格値でザクザク買うことができました。

か変です。気づけばベスパのパーツを二の次に、これらの雑貨類を買い漁ることに夢中になっていました。

また、そんな買い物を続けていると、続々と親切な台湾人が僕の目の前に登場し、全然予想しない展開（もちろん良いほう）に巻き込まれました。今思えば弱冠ハタチほどの若い日本人が、不安そうに一人で台湾を訪れたのを見て、優しい台湾人が放っておけず様々なお世話をしてくれたのだと思います。このときの恩や景色はずっと脳裏に焼きついていて、今も台湾および台湾人に、何か借りを返せぬままのような気分です。

台湾の雑貨、続々と登場する親切な台湾人……まだ若かった僕にガツンと衝撃を与えたのは、まさにこの2つでした。以降、30年以上台湾に通い続けることとなり、僭越ですが、台湾にまつわる本も出版するようになりました。

「はじめに」でも書いた通り、「台湾の雑貨」を入り口にしながら、さらに台湾を深掘りしてみると絶対面白いと思います。本書は台湾の雑貨を紹介するのがテーマでしたが、これらの雑貨の中に読者の方にとっての〝台湾沼〟への入り口があるかもしれません。もし、そんな雑貨がありましたら、なんらかのカタチでぜひ僕にもお知らせせください。

こんな話を、誰彼構わずわいわい気軽に交わせるのもまた台湾式。そんな台湾および台湾人、そして台湾の雑貨やモノが僕は大好きです。

松田義人（まつだ・よしひと）
1971年・東京生まれ。ライター・編集者。桑沢デザイン研究所プロダクトデザイン科卒。1992年に初めて行った台湾にドハマりし、以来30年以上台湾に通い続け、台湾に関する複数の著書を刊行。主な著書に『台湾ゆるぽか温泉旅』（亜紀書房）、『台北以外の台湾ガイド』（晶文社）、『パワースポット・オブ・台湾』（玄光社）などがある。また、台湾と日本の雑貨を扱うショップ「松将五金行」を運営し、全国各地の台湾フェスなどに出店中。

イラスト：rabitt44
デザイン：松田義人
写真：石上章、加賀ま波、松田義人
校閲：みね工房
編集協力：孟 憲徳、陳 見安、孟さん的好朋友們、李 瑄（大同日本）、加賀ま波、王帕布、高橋友梨香（恩詩國際行銷有限公司）、倪 筱涵（セメントプロデュースデザイン）、林 太一（HAPPY LEMON）、Jun-Yu Chen、汪達也、曾 達昌、古 恵珍、松田美代子、松田秋乃、Oo!、小川一典（晶文社）、陳 世銓（丹祿夫人）、台湾茶房e~one、誠品生活日本橋、Teabridge、GQ TAIWAN、KKday、名古屋・台中夜市

台《たい》湾《わん》雑《ざっ》貨《か》を追《お》いかけて

～お土産屋《みやげや》さんにはない〝台湾《たいわん》のモノ〟を求《もと》めて東奔西走《とうほんせいそう》～

2025年3月18日　第1刷

編・著者　松田義人
発行者　奥山 卓
発行　株式会社東京ニュース通信社
〒104－6224　東京都中央区晴海1－8－12
TEL：03－6367－8023
発売　株式会社講談社
〒112－8001　東京都文京区音羽2－12－21
TEL：03－5395－3606
印刷・製本　株式会社千代田プリントメディア

落丁本、乱丁本、内容に関するお問い合わせは発行元の株式会社東京ニュース通信社までお願いします。

ISBN978-4-06-538791-7